鹿鸣心理

LAONIAN XINLI DE
SHEHUI JIANGOU

老年心理的
社 会 建 构

刘甜芳　著

重庆大学出版社

前　言

　　人口老龄化是指总人口中年轻人口数量减少、老年人口数量增加，导致老年人口比例相应增长的动态过程，即越来越多的人成为"老年人"。20世纪70年代之前，人的老化这种衰退性变化一直被人们视为不可避免的宿命，以至于丑陋、驼背、健忘、罹病、死亡等衰老特征成为人们晚年生活的主旋律（Cohen，2006）。老年人自带一系列自我标签化的特征：衰退、弱化、无用、"走下坡路"、垂死、无能、过时等；面临衰退、失能、罹病、死亡等负性事件；老年是人一生中最糟糕的阶段。1975年后，一种新观念的出现撼动了老化之于老年期的主导地位，老化不再被视为一种必然，而被视为一种可修正的问题（modifiable disorders）（Cohen，2006）。这种"问题取向"的观念不像老化的宿命论那样令人束手无策、悲观无奈，它为研究者创建了解决"老化"问题的机会。随后，相继涌现的成功老龄化、健康老龄化、积极老龄化的概念则是老年研究领域的另一巨变。它们聚焦于老年人的潜能，视老年为丰富生命的时期，挑战那种视衰老为老年全部的观点，促进对老年的赏识，为老年生活创造了富有希望的愿景。

　　"成功老龄化"由哈维格特斯（Havighurst, 1961）提出，其含义是：寿命超过 75 岁且保持良好的健康状况和较高的幸福感水平。关于成功老龄化的理论模型，最具影响力的是罗维和卡恩（Rowe & Kahn, 1987）提出的成功老化模型（Successful Aging, SA）以及巴尔特斯夫妇（Baltes & Baltes, 1980）提出的有补偿的选择性优化模型（Selective Optimization with Compensation, SOC）。SA 模型认为，成功老龄化是内外因素相互作用的结果，包括三个相互作用的成分：避免疾病和失能，维持身体机能和认知功能，积极参与生活。良好的生理和心理功能提供了参与活动的可能性，积极参加活动反过来又增强了生理与心理功能、避免疾病和失能。成功老龄化在这三个方面表现最优。SOC 模型认为，成功老龄化是通过对资源的有效管理达到最大化获得（期望的目标或结果）和最小化丧失（不期望的目标或结果）。达到成功老龄化有三种策略：选择、优化和补偿。具体而言，选择那些能够利用自身资源的具体的、可实现的方面（functional domains），例如社会关系、认知功能等；最大化地发挥那些具有发展性的潜能，获得最大化；在资源丧失或目标路径受阻时选择补偿性方案，令损失最小化。提出成功老龄化概念的意义在于，它对老年学长期只关注如何区分患病老年人与无病老年人提出了质疑，细分了常态老化（无病、高危险）与成功老化（低危险、高功能）两种无病老年人（Rowe & Kahn, 1997）。SA 和 SOC 两个成功老龄化模型都强调，老化是可以干预的而不是由机体内部（基因）发展的必然结果。这对目前应对人口老龄化挑战具有重要意义。

　　"健康老龄化"于 1990 年在丹麦哥本哈根第四十届世界卫生组织会议上提出。会议指出，如果大多数老年人的生理、心理和社会功能都处于健康状态，那么社会发展就不会受到人口老龄化的影响。健康老龄化是指个体在进入老年期后身体、心理、社会等方面的功能保持良好。具体内容包括：拥有健康的体魄、健康的心理以及良好的社会适应能力；

拥有普遍的健康意识，与社会融合良好，整体健康预期寿命延长；家庭
关系和睦，婚姻和谐，能获得家人的社会支持，生活满意度和幸福感较高；
拥有稳定的经济来源；整个社会已形成健康的生活方式，拥有充分的社
会财富和资源。健康老龄化重在"健康"。它重新界定了"健康"的含
义，认为健康不仅指身体无病，还包括良好的适应能力、良性的人际关
系、稳定的经济收入等方面。巴伦德斯（Barondess，2008）认为健康老
龄化还需要注重个体生命早期对疾病（尤其是慢性病）的预防。对健康
老龄化与成功老龄化的关系，舒尔茨和黑克豪森（Schulz & Heckhausen，
1996）将前者等同于后者，视二者为一个过程。汉森 - 凯尔（Hansen-Kyle，
2005）则进一步认为健康老龄化是实现成功老龄化的途径，成功老龄化
是健康老龄化的结果。相比关注"无病"的成功老龄化，健康老龄化主
张以"健康"应对老化问题可能更具积极意义。

　　"积极老龄化"由世界卫生组织于 1996 年在《健康与老龄化宣言》
中提出。世界卫生组织于 1999 年发起并开展"积极老龄化全球行动"。
2002 年，联合国第二届世界老龄大会将"积极老龄化"作为应对 21 世
纪人口老龄化的理论框架。大会强调要以尊重老年人的人权为前提，以
"独立、参与、尊严、照料和自我实现"为原则，"承认人们在增龄过
程中，在生活的各个方面，都享有机会平等的权利"，建立一个"不分
年龄，人人共享"的社会。积极老龄化中的"积极"是指老年人不仅拥
有健康的身体或参加体力劳动的能力，还要不断地参与社会、经济、文
化、精神和公民事务，为家庭、社区和国家作出积极的贡献。积极老龄
化提出的用意在于：（1）使人认识到即使在生命晚期也拥有各类潜能，
可按自己的权利、需求、爱好、能力参与社会，并得到充分的保护、照
料和保障；（2）使老年人积极地保持身心健康提高预期寿命（健康），
积极参与社会活动继续为社会作出贡献（参与），保障生活质量提高生
活水平（保障）。相较于成功老龄化和健康老龄化，积极老龄化更强调

挖掘和发挥老年人的潜能，使其潜能最大化，以应对不断加剧的人口老龄化态势。社会建构论的关系理论（relational theory）视老年期为生命历程中最富有的一个阶段。它认为步入老年期的人拥有大量的过往关系，每一种关系都为潜在的行动提供资源（Gergen, 2009: 149）。为此，积极老龄化的关键在于创造性地运用这些潜能。社会建构论视角下的积极老龄化强调潜能和成长，强调为老年人创造希望，激发他们的积极行动（Gergen & Gergen, 2014）。它向长期以来占据主导地位的老化观——视老化为客观必然的衰退性变化——发出挑战，是对传统病理诊断与修复模式的超越。应积极老龄化之势，本书以社会建构论为理论基础，在解构"有问题的老年"的基础上，重新建构有希望的积极的老年。

"社会建构"是社会建构论的核心。"建构"原指建筑一种构造。这是明显具有人工性质的行为，暗喻事物的构成或结构本身是可以人为地加工改变或重新安排的（杨莉萍, 2006: 22）。社会建构是指社会参与对某种事物的构成或结构的加工、改变或安排。社会建构论强调，关于世界的认识是由人共同创造的，理解、价值和意义产生于人与人之间的协商过程而不是独立个体的内部心理；它反对视事物为固有的、跨历史的、独立于人的认识的本质主义（杨莉萍, 2006: 24）。该理论最重要的两个要点是：人们通过建构一个社会模板及其运作机制来将自身的经验合理化；语言是建构事实最主要的途径（Burr, 2015: 2-5）。社会建构论旨在揭示个体或群体是如何参与建构对社会"现实"的认识，如社会事件是如何被创建、被获知、被习惯化的，是如何被整合到原有规范之中的。"事实"的社会建构是一个持续的动态过程，必然通过人对"事实"的个性化解释和认识不断地繁殖。社会建构论心理学的领军人物肯尼思·格根于1985年发表了《现代心理学中的社会建构论运动》，阐述了社会建构论心理学的基本立场和基本纲领（杨莉萍, 2006: 31-34）：（1）用于理解这一世界的术语并非由人们对世界的经验本身规定，关于世界的知识既不是归纳的产物也不是建构和检验基本假设的产物。（2）被用以理解这个世界的术语是社会的人造物，植根于人与人之间的互动过程，是历史的产物。理解过程不是自然力量自发驱动的结果，而是处于一定关系中的人们积极主动共同合作的事业。（3）某种特定的理解方式被人们接受、认可或支持的程度，从根本上说，并不取决于其观点的经验有效性，而取决于社会过程（如沟通、协商、冲突、修辞等）的变迁。（4）经由协商产生的理解方式对社会生活具有重要意义，因为它们与许多人们参与其中的其他活动之间存在固有的联系，对世界的描述与解释本身构成了社会行为。所谓"现实"，在社会建构论者看来是社会历史文化的产物，生成于人与人、人与事、人与物、人与世界的关联之中。

老化是社会建构的产物。在社会建构论看来，"老化"并非人的固有属性，不是个体生命发展的必然过程或结果，而是由话语建构的社会历史文化的产物。霍尔斯坦和古布里姆（Holstein & Gubrium, 2000: 30-33）曾指出，将个体在老年期的生命变化描绘为"老化"是一种建构行动，类似于社会工程（如家庭工程、社区工程）的"现实工程"（reality projects）。社会建构论者将研究老化的科学研究看作一种文化的建构。也就是说，老化的科学研究结果并不是对真理的反映，而是来源于主流价值观（如个人主义与效益主义）和一系列预设、词汇及测量方式等（郭爱妹，石盈，2006）。帕维尔考察了老化被现代社会建构的过程：一是政府的强制干预，目的是在健康与社会政策方面获得有效成果；二是受政治经济环境的影响，将老化建构成为一个"社会问题"（郭爱妹，石盈，2006）。霍尔斯坦和古布里姆（Holstein & Gubrium, 2000: 34）也指出："充满老化的老年期不是一个生理阶段，而是一种社会建构……相信人的生命始于出生，然后经历发育、成熟、老化等阶段，最后终结于死亡这个为我们所熟知的生命历程，是近来西方文化的产物。"有实证研究显示，对老化自我的感知虽包含对生理、心理方面老化的感知，但此"感知"活动是在个体所处的社会文化中进行的（Westerhof & Tulle, 2007; Westerhof, Whitbourne & Freeman, 2012）。正如格莱特（Gullette, 2004: 101）的著名论断："我们是因为文化而不是因为染色体而老化的。"

社会建构论为人们理解传统的客观老化提供了一个视角。在本书中，社会建构论的观点是作为可能的解释资源出现的。它关注"现实"建构的情境性和解释性过程，通过分析即"解构"将各种形式的"现实"转换为处于建构中的对话、进程和情境来剖析其生成过程（Holstein & Gubrium, 2000: 47）。要理解人们认为"理当如此"的世界（如老化被当作客观必然），首要任务就要考察为什么会有这些想法，为什么它们看上去让人一目了然，它们对人们造成了什么影响，其假设掩盖了谁的声音，是否有理由去探索其他不同的观点（格根，2011: 39）。要理解"年龄增长必然衰老"这种"毋庸置疑"的常识，我们就要考察它是如何生成的，它给人们造成了什么影响，以及如何去探索其他可替代性的理论观念。本书的目的是要解构老年心理现实，以此说明，人们如何"因文化而老化"，从而实现积极老龄化。

从通俗易懂的普通常识到缜密严谨的科学研究，老化一直被视为年龄增长过程中不可避免的衰退性过程，被当作必然的事实和不可违背的客观规律，被视为描述老年期生命变化发展的唯一方式，常常等同于增龄过程，而老化的消极性必然给人们尤其是老年人群带来诸多负面影响。为此，建构一个新的有希望的老年体系是解决当前人口老龄化问题的客观需求。因人口老龄化态势严峻，顺应积极老龄化大势所趋，本书以社会建构论为理论基础，先通过质化研究方法呈现老年心理的种种现实，然后分别从时间与年龄、生理决定论、人的价值设定三个方面分析老年心理的社会建构过程，最后从参与老年心理现实的建构者角度剖析老年心理的生成机制，以此重新审视现在主流的"必然老化"观点，在厘清这种老化观生成过程的基础上展现描绘老年的多种可能方式，让人们尤其是老年人意识到那种必然客观的老化并非生命发展的必然唯一结果，而只是描绘增龄变化的一种方式，从而改变人们对必然老化的"客观规律"的迷信，促进人们积极发掘自身潜能以创建新的更有希望的老年生活愿景。

本书第一章运用质化研究方法，以老年人为研究对象，通过深度访谈法收集资料，采用扎根理论法分析资料，得出结论，即老年心理呈现拒老、服老、怯老、终老四个主题：老年初期老化征明显增加，但老年人以"不老之心"抵抗生理性老化；随着年纪增大，老年人屈服于生理性老化对老年心理的决定作用，逐渐认可自己作为"落伍者"和退休者的老年身份；伴随着各种老年病的常态化，老年人对因失能加剧而成为社会的"累赘"和儿女的"负担"感到担忧；继而受"老之不死是为贼"的传统观念影响，老年人在恐惧和无奈中向人生告别。

第二章分析时间、年龄与老化的关系，讨论年龄如何建构老年心理。直线矢量时间观是现代文化的主流时间观，年龄是生命时间的计量，朝着生命终结的方向呈匀速累增的线性增龄被构建为唯一正确的年龄发展路径。在此基础上，年龄成为判定老化最普遍、最通俗且学术界最为一致的老化判定标准，对老化的起点、程度及发展趋势起标识作用。老年人拒老的心理实为对小年龄的认同，表达了老年人对老化的抗争以及对年龄标识老化的挑战。年龄绝非仅为一个计量生命时间的数字序列，它不仅对老化具有判定和标识作用，还通过年龄分类、年龄分层、年龄地位、年龄角色、年龄规范构成一张社会时间表，实现对老年心理与行为的规约，标明老年人应做什么、不应做什么。老年人通过接受、践行"增龄老化"这一"事实"以及基于这一"事实"的社会规约，"老人"被成功塑造为名副其实的老年人。然而，直线矢量时间是特定文化的产物，线性增龄只是对年龄变化发展的"一种"描述，依靠年龄来判断一个人是否老化并不准确，老化的复杂性使年龄无法实现准确"标识"，"增龄等同于老化"在本质上是一种社会文化的建构，因此，需要分离增龄过程与老化过程，将老年"去年龄化"，以"无龄老化"应对"增龄老化"，以此建构积极的老年。

第三章解析生理决定论对老年心理的社会建构。老年的相关研究一致认定"人老"是一个毋庸置疑的"事实"，是大写的"真理"，是由人的基因先天决定的。经生物医学模式理论的确认，老年患病被当作年老的必然结果，因为人体已经衰退、健康已经恶化，而罹病失能不仅意味着身体的疼痛，更是成为家庭社会的"累赘"，导致老年人对疾病特别是致残、致死、致贫的慢性疾病几乎是谈"病"色变。既然机能退化、健康恶化、患病失能是身体衰老的必然结果，那么人的死亡（至少肉身的湮灭）也是客观必然。死亡过程的科学描述——肉身湮灭等同于自我消亡，现代自恋文化、世俗享乐的人生观令人们对死亡普遍充满恐惧。然而，衰老的生理决定论显然是一种本质主义，是物质决定意识的（机械）唯物主义的一种体现。纵观中西方哲学思想史，唯物主义只是其中的一个流派，并非唯一正确的大写真理。实际上，相比于实际发生但对老年人无影响或干扰小的衰老，那些为个体意识、感知、体验到的老化更为重要，心理能够改变、决定生理的状况。健康或疾病不仅是一种生理状态，更是一种社会现象，将患病当作一种探寻生命意义的旅程而非天降的令人无奈的灾难，我们便不再谈"病"色变。将自我放在与他人、与他物、与宇宙的关联之中，肉身虽已湮灭，人却虽死犹生。

第四章分析文化价值对老年心理的社会建构。中国文化对老年价值的界定大致经历了无用弃老、有用尊老到无用贬老的嬗变过程。现代信息科技的日新月异使人们生活全面科技化，老年人由此失去了传统的经验优势，其价值被贬低，"老"从此成为无用、废物、累赘、落后等贬义的代名词。"作贡献"是出生于 20 世纪五六十年代即当今的老年人最重要乃至唯一的人生价值，而在以"无用贬老"作为主流价值的现代社会，他们注定对社会、对家庭作不了"贡献"，必然"没用"。在家庭内部受养者与供养者之间存在代际价值冲突，在以"为己着想"为主流价值的当今社会，"为人民服务、乐于奉献"的价值取向可能显得"不合时宜"，新价值对旧价值的取代意味着老年"作贡献"的价值观的消解与解构。"重少轻老"的现代文化价值暗含对年老的贬低，老年人由此处于低等的"文化地位"，受到漠视，遭到贬低。将个人价值等同于生产价值，以生产率作为对人的价值衡量，意味着将人物化、商品化、工具化，而被物化、被机器化、被商品化了的人一旦"无用"，一旦"作不了贡献"，就要被丢弃，老年价值被彻底否定，老年人自然成了"无用之物""依赖""累赘"，老年人自然"怕老""怯老"。要去除"老年无用"的污名，关键在于转变对人的价值设定。当下文化价值的多元倾向要求多元化的老年价值，"贡献"不应局限于对家庭、社会的贡献，生产价值不应成为人的唯一价值，人的其他价值也应得到认可。

　　第五章剖析科学共同体、组织管理者、大众传媒、老年人群如何共同参与对老年心理的建构，揭示老年心理现实的生成机制。科学共同体研究发现有关老化、年老的知识，组织管理者设定老龄规章制度、法律政策，安排老年人应该如何生活、如何行动，大众传媒将"何为老"的老化知识与"如何老"的老龄规约广泛传播，老年人则习得老化知识，将老龄规约付诸实践。科学共同体为组织管理者设定老龄规约提供合理化依据，后者据此制定老龄规约安排人们"如何老"。大众传媒对老化知识和老龄规约的传播贯穿于整个生成与运作过程，通过对信息的整合、提炼、浓缩和放大不断地建构和重构老年心理。老年人通过媒介传播习得、内化老化知识和老龄规约，并将其纳入日常生活作为一种行动方式予以实践；老年人对"何为老""如何老"的实践外化为具体行为，其行为表现又通过媒介被他人解读和发表，成为新的老龄规约和老化知识的资料来源和"现实"证据。新的资料来源经科学共同体的调查考证和组织管理者的制度化、法律化，使老化知识和老龄规约不断更新……如此便形成一个循环圈。在这个循环圈里，科学共同体拥有的知识话语权、组织管理者所服务的特定的社会政治经济目的、媒介的传播工具角色、种种老年心理现实，在四类建构者相互界定、相互确认、相互认同的过程中被不断强化和固化。老年心理现实则生成于老年人群同科学共同体、组织管理者和大众媒介所构成的循环圈，老年人群作为其中的一环，只要意识到自身是老年文化的一个建构者，认识到自己并非社会文化的受控者而是主动建构者，是参与建构老年心理不可或缺的一股力量，主动积极地改变自身的心理与行为，将问题重重的消极老化转变为充满机遇的积极老化，更新"何为老""如何老"的"现实"来源，就会建构出一个富有希望的老化图景，一个崭新的生机勃勃的老年。

目　录

第一章　老年心理的现实建构

　　为建构老年心理的现实概貌，围绕老年人伴随年龄增长对年老的体验、态度、解释、观念等问题，选择质化研究方法。质化研究方法是以研究者作为研究工具，在自然情境下采用多种资料收集方法对社会现象进行整体性探究，使用归纳法分析资料和形成理论，通过与研究对象互动对其行为和意义建构获得解释性理解的过程（陈向明，2000：67）。具体而言，本研究采用深度访谈法收集资料，遵循目的性抽样原则，综合采取网络抽样、滚雪球抽样和机遇式抽样三种抽样策略，获取了12位受访对象的信息资料（表1-1）。研究者以"局外人"身份采用逐步暴露的方式进入研究现场收集资料。对收集到的访谈资料采用Nvivo10.0质性分析软件进行整理和分析。运用现象学分析和扎根理论分析的方法对资料进行编码分析，分为开放式编码、主轴式编码、选择式编码。最后，选择参与者检验法检验结果的效度，描述型、解释型、评价型效度（0～5）分别为5、4.77、4.38；研究者对结果的理论效度和反身性效度进行了检验。

表 1-1 受访者信息表

受访次序	姓名	性别	年龄	健康状况	学历/职业	宗教信仰	婚姻状况	儿女数量	居住状况
10	穿越	女	60岁	血压、血脂高；生活完全自理	中专/商场出纳员	无，但不反感	已婚	一儿	与家人共居
11	方芳	女	60岁	无病；生活完全自理	高中/单位绘图员	无，信自己	57岁丧偶	一女	独居在家
2	泉水	男	60岁	血压、血脂、血糖高；生活完全自理	大学/司法科科长	无，信仰马克思主义	已婚	一儿	与家人共居
4	坚毅	男	64岁	无病；生活完全自理	大学/大学教师	无，信仰马克思主义	已婚	一女	与老伴在家居住
5	孙德	男	67岁	无病；生活完全自理	大学/机关科长	无	已婚	一儿	与老伴在家居住
6	周梅	女	71岁	腰椎间盘突出；生活完全自理	大学/大学教师	无	已婚	两儿一女	与老伴在家居住
7	郭恩	女	75岁	心动过速；生活完全自理	高中/医生	无	60岁丧偶	两儿两女	独居在家
3	门怡	女	77岁	糖尿病；生活部分自理	初中/国企会计	无，反感	已婚	两儿一女	居住在养老机构
12	刘刚	男	80岁	无病；生活完全自理	初中/海军	无	76岁丧偶	五女	独居在家
9	永军	男	83岁	痔疮、脑萎缩；生活完全自理	大学/国企高管	无，受新教、天主教影响	已婚	两儿两女	与老伴在家居住
8	红玫	女	86岁	痔疮、肺炎；生活部分自理	中专/国企高管	无，不反感	82岁丧偶	五儿	独居在家
1	莎莎	女	95岁	眼疾、耳聋、大腿曾摔断，未治愈留下病根；生活部分自理	文盲/家庭主妇	回族，伊斯兰教	53岁丧偶	三儿三女	居住在养老机构

经对资料进行编码分析，结果发现，老年心理呈现拒老、服老、怯老、终老四个主题：老年初期老化征明显增加，但老年人以"不老之心"抵抗生理性老化；随着年龄增长，老年人屈服于生理性老化对老年心理的决定作用，逐渐认可作为"落伍者"和退休者的老年身份；随着各种老年病的常态化，老年人对因失能加剧而成为社会的"累赘"和儿女的"负担"感到担忧；最后，受"老之不死是为贼"的传统观念影响，老年人在恐惧和无奈中向人生告别。

第一节　拒老：抵抗生理性老化

拒老心理通常出现在老年初期，这时的个体进入老年期不久，尽管他们也承认体态上显现出了种种老化征状，但心里并不"服老"。为此，他们区分出生理年龄和心理年龄，以这两种年龄的不一致证明自己"人老心不老"，以积极的心态对抗年老。目前处于"拒老"状态的老年人多出生于 20 世纪 50 年代，经历了建国初期到转型期的种种变革，深切体会到过去的苦难，在最好的年纪错失了充实自己的机会（如教育），留下了遗憾。在这个"无比幸福"的今日，他们决定奋起直追，弥补曾经的缺憾，加之刚从工作岗位退下来，拥有大量可供支配的时间，健康状况尚可，经济还算宽裕，尚未完成的愿望具备可实现的条件和基础。基于积极的心态和较为满意的生活现状，处于"拒老"状态的老年人强调心态的重要性，提倡并追求"及时享乐、活在当下"。

一、意识到老化征明显增加

老化是步入老年的第一感受。老化（aging），发展心理学定义为个体在生命历程最后一个生命阶段表现出的一系列形态学特征以及身心方面出现的衰退性变化（林崇德，2002：525）。简言之，老化就是个体在老年期出现的衰退性变化。老化征又称衰老征，是指老化的表现、特征、特点，包括发白、脱发、老年斑、耳聋、脱牙、腰酸膝痛、行动迟缓等（冯琴昌，方永奇，李小兵 等，1995）。根据衰老的内容，可分为生理性、心理性、社会性的老化征（Baltes，1987）。生理性老化征是指机体随年龄增长出现退行性、衰退性的变化，包括机体各系统、器官、组织在发育成熟后逐渐出现的衰退、减弱。心理性老化征是指个体进入老年期后认知能力、情绪与人格、行为倾向、心理健康等心理方面出现的变化，包括感知觉退化、记忆力衰减、心理疾病增多等。社会性老化征是指个体进入老年期后对社会的影响与作用减弱，主要包括社会角色丧失和社会关系缩减。

老化征的出现是判断个体老化的主要依据。受访者们提及的老化征有"老态""视力弱化""记性差""反应迟钝""精力下降""行动迟缓"……这些老化征可归为外貌形态和身心功能两类。外貌形态上的老化如受访者方芳形容的"背驼腰弓"，穿越所描绘的"满面苍茫，到处皱纹"，永军所刻画的"布满皱纹、斑点的老态"，这些老化征给老年人尤其是老年女性以衰老的自我暗示，使其意识到自身开始老化。身心功能方面的老化如视力衰退，泉水用"眼睛不争气了"这种极富时代文化特征的词语，表达了对老化的叹息和对自身不中用的失望；又如行动迟缓，穿越将这一特征作为老化的直接反应，"腿脚不灵反映出来就是年纪大的样子"；方芳也感受到了这方面的变化，"以前小跑，现在走一步歇三步……腿不听话了，心有余而力不足"。

体验到老化并未让老年人服老。尽管受访者们意识到不断袭来的种种老化征，但由于它们并未带来毁灭性或令人绝望的严重后果，只给生活造成了些许的不便，例如需要使用放大镜、勤做备忘录等，所以处于"拒老"状态的老年人并不因此而"服老"。他们对年老的态度是抗拒和不服，主要体现在区分生理年龄与心理年龄上，追求"有乐趣的生活"和强调"及时享乐"的生活方式。

二、区分心理年龄与生理年龄，以积极心态抗拒老化

年龄是计量个体在世存活时长的工具，通常以年或月、周、日为计量单位的岁数表示。按照不同的年龄界定者，可分为社会界定的年龄和主体界定的年龄。社会界定的年龄即年代年龄，是我们日常所说的年龄。人从呱呱坠地就"自然"获得岁数，年龄因此被当作人所固有的内在属性。由于社会界定的年龄具有客观性，故又称客观年龄；又因其代表一个人身体发展、成熟、衰老的状况，因此也称生理年龄。斯特格奴认为，年龄的本质属性是社会年龄或生理年龄，在现实生活中，人们并不能自主确定是否进入老年期，而是由他人来确定（顾大男，2000）。与社会界定的年龄相对，主体界定的年龄即主观年龄或心理年龄，是指个体所认同的年龄。不像生理年龄随时间呈匀速线性增长，心理年龄在某段时间可能加速增长，可能突然停滞，也可能匀速降低。对于心理年龄，也有不少批评的声音。有人认为年龄的本质属性是社会界定而非主体界定，尽管一位 80 岁的老人认为自己仅有 50 岁，但在其他人看来就是 80 岁，那么他 / 她所认同的 50 岁便毫无社会意义（Freeman，1976）。这种批评不无道理，心理年龄可能确实无益于社会或他人，但它于个体自身有重要意义。生理年龄 / 社会年龄通常记录在案不得更改，岁数表达的是社会对社会成员的一种社会预期，暗示着到达这一岁数的人"应有"的老化状况。然而，每个人的衰老程度可能略有差异甚至千差万别，这就使得他们所认同的年龄与生理年龄不一致。这种"不一致"恰恰说明了个人所体验到的老化程度与生理年龄所代表的老化程度存在差异。"我不觉得自己有那么老"是对这种差异的通俗表达，而这种体验的产生正是心理年龄的关键意义所在。

　　不服老的老年人把自己的心理年龄和生理年龄予以区分，以"人老心不老"抗拒生理年龄所指示的衰老。如前所述，受访者们对生理年龄和心理年龄的区分是为了说明老化与年龄的异步性，例如"不一定年龄大的就是老人了"（穿越），"老人没法定格，有的人未老心先老了，有的人人老心不老"（方芳）。"人老心不老"中的"人"指生理或身体，"心"指心理。此语的重心在后者，强调"心态好人就不老"，虽然身体的衰老"是不可逆转的，是自然规律"，但心理仍有重塑的可能。因此，年龄指示的仅仅是生理性的老化，但不包括心理性的老化。换言之，指示生理性老化和心理性老化的年龄应为两套不同的年龄序列。两种年龄的差异主要体现在心理年龄小于生理年龄。受访者永军（83岁）和方芳（60岁）对此进行了详细说明：

　　　　永军：生理年龄与心理年龄是不一样的，有的到70岁还不显老，有的60岁就显老了。我没有这个概念——老不老的问题，因为到现在我也不觉得自己老。……有的人从外表到心理都显得老了，虽然年龄不大；有的人年龄比较大，但心理状态很好，甚至连身体也很好。

　　　　方芳：虽然我到了这种年龄，但我的心理年龄还没到，比这个年龄稍微年轻一点，呵呵呵（不好意思地笑）……
　　　　我：大概多少岁的样子？
　　　　方芳：年轻四五岁的样子，50多岁吧。……我感觉（加点表重音，特别强调）只有50岁的样子，不会像别人讲的没用了、不能动了。……关键是心态好，跟年龄没有关系。心态好的人觉得自己还不老，心态不好的人整天唉声叹气，感慨自己不知不觉就老了、没意思了。心态不好，人就容易老。

　　从中可以看出两位受访者对待老化的积极态度。根据"心理为人脑之反映"这一心理学基本命题，好的心态当以好的身体为前提，没有强健的体魄，好的心态似乎是天方夜谭。好的身体虽不能完全决定好的心态，但至少为后者提供了条件，正如穿越所言："身体好、心态好才是硬道理。"复查永军和方芳两位受访者的基本信息发现，他们的身体状况的确良好，生活完全自理，永军身体虽有些许症状，但并不影响他对老化的积极态度。这两位受访者为了说明心理年龄小于生理年龄，还列举了一系列证据：

> 方芳：我觉得跳舞还是能跳动的，还好，不像别人讲的老了、不能动了。

> 永军：做了CT，医生说我脑萎缩，脑缩小了，与脑壳的空隙大了一点，这从医学角度是对的，但我觉得除了记忆力稍微有点下降，其他的都很好，尤其是我的判断力、定向力并没有什么减少。……医院要搬到河西，我两边跑，两边考察，看交通分流怎么样，你说还有谁会做这样的事情？所以我的心理年龄只有60岁，跟生理年龄是不同的，心里并没有什么老化的感觉……你看我还没老吧！

基于身体状况"还行"，处于拒老状态的老年人"不服老"，与生理年龄进行抗争。正如泉水对老化的体验一样。他用"矛盾"一词概括了年龄与老化之间的关系——年龄大小与老化程度的高低并不一致，甚至出现了相反的情形。他还用"两重性"来解释年龄与老化之间的"矛盾"和不一致：一方面，与曾经的自己相比，的确体验到方方面面的衰减和退化，由此产生的情感体验是"自卑"；另一方面，在与年轻人相比时，发现他们"还不如我"，包括体力、兴趣、专注度等方面都"不如我"，这时泉水体验到的是"自豪"。根据年龄所指示的生理状况，进入老年的受访者泉水理应落后于年轻人，但实际体验却截然相反，年龄与老化的一致性在这里被消解了，这给受访者一种"安慰"，并向他传达这样的信息——"还没老到那个（动不了的、什么都不行了的）程度"。

我：在年龄增长的过程中，您感受到了什么？

泉水：老啊，不断丧失、失去……

我：您怎么看待这种"老"的感觉？

泉水：这是一个矛盾，当我在面临自己年龄的时候，在面对想做的一些事情的时候，觉得老了。例如现在想看点东西，想学点东西，或者想做点什么东西，精力不够了，记忆力、视力衰退了。这往往引起心理上的一种变化，什么变化呢？老了。

我：但是？

泉水：但有时又不觉得自己那么老。

我：怎么说？

泉水：人有两重性，有时有种自卑感，有时又有要强的时候，两者同时存在。

我：自卑感？

泉水：不中用了，不行啦，就是自卑感，就像刚才说的。也有要强的时候，别看我老了，我还比你能干，而且干得比你还好……例如跟其他人比，甚至是跟年轻人比，他们还不如我，这时感觉到还没老到那个程度。例如，体力、做事情的劲头、做事情的兴趣、专注度都不如我，这时我就感觉自己还没老到那个程度啊。

我：具体来说？

泉水：例如大家一起做一件事情，一篇文章你写一段，我写一段，我就很专注，劲头很大，很快弄出来了，而他呢，拖拖拉拉，写得很吃力。我就感觉到他还不如我呢，感觉到自己还好，不太老（升调，感到骄傲），还没老到那个程度。

打球也是，跟40多岁的年轻人一起打球，他们打一会儿就瘫坐在那，我都还没过瘾呢。这时就感觉自己还好，得到一种安慰——还没老到动不了的程度。

再就是体力上肯定不如我，例如外出旅游，同样的路从这边走到那边，他们走一会儿就瘫坐下来喘气，当看到这些，我就觉得年轻人真不行啦，就这么点路就走成那样子啦。这就给自己一种安慰！

我：怎么是安慰呢？

泉水：因为事实是我比他年龄大呀，确实比他们老啊，但他们却比不过我，这给我的安慰是虽然老但还没老到那个可怕的程度、什么都不行了的程度。

……真正感觉到自己老要到 65 岁左右，虽然现在明显感觉自己老了，但心理上服老的话，我觉得要到 65 岁。因为现在有比较啊，有些年轻人比不过我啊，不管是工作的劲头还是运动的劲头，还有玩的劲头，年轻人还不如我。

……

我：上次您说到 65 岁才真的服老？

泉水：我想应该是这样，现在还没到 65 岁，我想到那时才服老。现在跟过去比是感觉到老了，但我还不服老，有些方面依然还可以跟年轻人比一比。当然，我们这个年纪的人不能和强的比，跟普通的年轻人比，他们未必能比得过我。在各个方面跟他们比一比，拼一拼，还是有点不服气。我和他们连续出差一段时间，有的年轻人中途就吃不消了，赶紧回家了，回家养病了，我还好好的。有一次我们去高原，海拔 4000 多米的雪山，我们爬上去的，但年轻人就待了 20 分钟就吃不消了，赶紧坐缆车下去了，我在上面玩了好几个小时。当时我就感觉，哎，这些年轻人还不如我呢！这时就有种自豪感。

通过对生理年龄和心理年龄的区分，"无龄感"成为拒老老人的心理常态。永军在访谈开始时就说"好像世界卫生组织有个标准，我没怎么考虑它"。他认为世界卫生组织划分老年人的年龄代表的是生理性老化，与老年心理无关。当问及岁数时，穿越也有类似的回应——不以年龄为自身设限：

　　　我不知道自己多大了，不考虑年龄。……有的人说 60 岁就
老了，在我心里我从来都没这样想过，说自己到多少岁就老了，
没有这样想过。不要刻意地去记，今年 60 岁啦，或者多少多少
岁啦，天天不就这样过吗？在跟我打球的人当中，可能就我一
个人年纪最大，但我心里根本没有想过年龄，比他们大就打不过、
比不过吗？我根本没有这样想过。我无所谓年龄。

　　受访者穿越的这段描述提醒我们，从某个角度上看，年龄不过是一
串数字序列，老年生活不应被限定在其中；或者说，每个人可以同时拥
有多重年龄，例如在工作时可能是四五十岁的中年人，在运动时是生龙
活虎的小伙子，在交谈时可能是八九十岁睿智的老者。年龄所指示的生
理性老化只是年龄所代表的诸多内容之一。

三、追求"有乐趣的生活"，不愿"窝在家里"

　　拒老的老人既有好的身体，又有好的心态，自然希望走"有乐趣的
路"，过"有质量的生活"。在他们看来，"有乐趣的路"是指拥有自
己的一片"乐园"：或择其所爱，扬其所长，享其所乐；或以鞋为媒，
丈量山河，遍访名川；或与友小聚，畅谈古今，品味人生；或重拾记忆，
温习旧事，著书立说……正如受访者泉水所言，要让自己"有所寄托"，
要有自己的"咖啡"，只有如此"有精神寄托的"生活才有质量，这是
他们心之所往、渴望追求的老年生活。他还说："我们还是向往那些已
经退休但依然开心地玩着的人，要尽量走这条路。"与之相反的路是"窝
在家里的路"——"整天糊里糊涂的、东游西逛的，每天就是三顿饭，
窝在家里混吃等死，不接触社会，整个人的乐趣就看不出来了，身体一
下子就垮下去了"，这样的生活就没有任何乐趣可言，"人活得也就没
有什么意思了"（泉水），这是老年人要极力避免的。反过来，这两种
生活状态又成为判断老年人身心状况的重要指标，因为这两种生活方式

正是建立在不同的身心状况之上，能够作为对不同个体身心状态的一种反映。老年人区分出"有乐趣的路"与"窝在家里的路"，并表示对前者的向往和追求以及对后者的排斥和避免，实际上是给自己设置了一个陷阱，因为在他们看来，"窝在家里"迟早是要发生的。正因如此，他们才特别强调要"趁还能动"、要"活在当下"。

追求"有乐趣""有质量"的生活与这一代老年人的生活背景息息相关。当今 60 岁以上的老年人（生于 1955 年前）经历了建国初期的种种变革——"三反""五反"运动、"反右倾"运动、三年困难时期、"大跃进"、人民公社化运动、知识青年上山下乡、"文化大革命"、"四清"运动等。1978 年改革开放前的生活条件与今日相比可谓苦不堪言，当时社会的整个大环境也动荡不安，大量青年丧失了受教育的机会，职业分配制剥夺了个人的职业选择自由。正如受访者泉水自叹："很多事情都没有赶上"，"现在条件好了"，但"年龄已经过去了，一个人一生中最宝贵的时间已经过去了"。他在今昔对比中体验到种种"遗憾"，对时光倒流的幻想和渴求——"真想倒过来再活一把……让我重新再来一遍"——更是道明了曾经的梦想已化作泡影，面对理想的落空他们也只有无奈。这种幻想和渴求以及无奈转化到当前现实生活中便是对学习和教育机会的格外珍惜。尤其是"老三届"们在"文化大革命"期间正值升学的关键期，学习被迫中断，有些人则因此抱憾终生；那些苦苦等待了十年依旧怀揣"大学梦"的人，则必须以坚强的意志克服来自生活、家庭、社会以及自身的压力和困难，与年轻的竞争者在考场一决高下。经历过生活、学习之艰辛的老年人生活至现在，明知大势已去，暮年将至，仍以身作则践行着"活到老学到老"的古训，并以律己之严教导后代，以期在代际之间实现遗憾得以补缺和弥补，梦想得以复制和延续。而他们自己现在只能在老年大学尽量弥补过去的种种遗憾，正如坚毅所说"要完成这辈子没完成的愿望"。为此，他们万分珍惜现有的学习机会，

"多珍惜这个机会（上大学）啊，这个机会真是太难得了"（孙德），"以前想的不一定能实现，现在多好啊"（穿越）。同样地，他们对学习的态度极其认真，对个人的自我要求也极为严格。

> 穿越：片子左一遍右一遍看了不满意，再加修改，看看这个地方是不是需要修剪、剪切、增加配乐。我想要做得更好，就是对自己要求比较高。……像这个绘声绘影，其实基本操作我都会了，只是不满足于现状，肯定要把其中所有的功能都要捣鼓出来，而且要捣鼓会。一到暑寒假我就把学的东西从头到尾再复习一遍，便于自己不忘掉。

老年人能够过上他们憧憬的"有乐趣的生活"，自然离不开时间、经济等条件。"时间多"是老年时期的一个普遍状态，不少受访者也言明："老人最多的就是时间……老人就是'无事佬'"（永军）；"退休后有时间了，过去没时间，没精力，现在都有了"（泉水）。他们面临的问题是"如何打发时间"。多数老年人在经济上虽称不上富裕，但手头比较宽松，"可以满足生活上的需要"（坚毅）。而且，老年人从过去为生计的拼搏中摆脱出来，"彻底轻松了"（郭恩），"没有生存上的困难，没有恋爱结婚、抚养孩子的压力，我们都解脱了"（刘刚）。"思想上也没有压力了，不受人牵制了"（坚毅），"感觉彻底解放了，自由了"（刘刚），"可以做自己想做的事情了……有追求享受的自由度"（泉水）。伴随雇佣关系的解除，曾经的工作压力也随之解除；领取些许退休金，基本生活得到保障；子女已长大成人、学有所成，无须经济上的大笔支出；拥有大量空闲时间来发展自身的兴趣爱好，或实现未达成的愿望；曾经职场上的受制者变成现在生活的主人，心灵获得自由。"彻底放松了""解放了""自由了"这些词语均表达了老年人步入老年生活感到的欢欣、喜悦。从受访者们的描述中可以发现，处于这一年龄段的老年人时间充足、经济宽裕、心理自由，这些都为他们过上"有乐趣的生活"提供了必要的条件。坚毅将老年期形容为人一生中的"黄金期""第二个春天"。"第二春"意味着新的生命起点。我国的传统纪年采用干支历，即以六十组天干与地支的组合来标记年、月、日时的历法，干支纪年的一个循环为一个甲子，一个循环的第一年称为"甲子年"。人生在世的第 60 年为甲子年，雅称"花甲"，即"花甲子"。天干之甲指万物剖符甲而出，"方春生养，万物孚甲"（《后汉书·章帝纪》）；地支之子指万物兹萌于既动之阳气下，"阳气动，万物滋"（《说文解字·卷十四·子部》），二者所描绘的俨然一幅春日画卷。所谓"一年之计在于春"，四季中的"春"往往是"青春""希望"的代名词。将老年期比喻为"第二春"，意在表明老年期如同春天一样，是一个朝气蓬勃、充满生机的新时期，是一个值得赞美、值得庆贺的生命阶段。

四、顺其自然，及时享乐

由于老化的必然性，拒老的老年人转向眼下及时享乐，对未来则主张"顺其自然"。生活上曾经历极端苦难的老年人将及时行乐和现世享乐作为对自己的一种补偿。"开开心心地过好每一天"成为老年人的普遍追求。方芳说："人生苦短，干嘛要亏待自己呢？"孙德也说："能快乐尽量快乐，等到不能自由行动的时候就难了，人躺在床上而头脑清醒是最悲惨的。""开心一天是一天""今朝有酒今朝醉"等座右铭不仅是慰藉他人的心灵鸡汤，还成为当下诸多老年人的一种生活方式。"苦"了大半辈子的老年人，"完成了任务"（泉水），似乎更有理由在当今如此"好"的世界享受晚年，以此作为对自己的补偿和"奖励"。他们对未来不考虑、不规划，主张"顺其自然"，"走一步是一步"，"到什么时候说什么话"，因为可预期的未来必然有老、病、死等选项，他们普遍采取回避态度，不去多想，自然而然。

"顺其自然"既表达了对人生的一种达观态度，也委婉地表达出对年老的无奈之感。成语"顺其自然"出自《灵城精义》，意指顺着事物本来的性质自然发展。与之相对的则是"刻意为之"，即用尽心思做某件事，含贬义。显然，顺其自然、随遇而安才是中国人的处世哲学。中国人与世界的关系在《道德经》中有极致简洁的表达，"人法地，地法天，天法道，道法自然"，因此人也要"参赞天地之化育"。受道家思想的影响，中国人对"自然"自古以来就有天然的情怀，特别是在说不清道不明的时候，或者人无能为力的情境下，人们习惯"顺其自然"或者"任其自然"。衰老是年龄增长的必然结果，非人力所为，"顺其自然"表达的是对年老的豁达。恰恰因为年老的客观性、衰老的不可为，也委婉地表达出一种无奈之感。

第二节　服老：认同老年身份

伴随年龄的增长，老年人深切地体会到身心功能发生衰退、弱化以及其他方面的种种"丧失"，逐渐意识到"不如当年"了，该考虑"老"的问题了。他们不得不意识到老化是年龄增长的必然结果，不得不承认自己的确不如年轻人，进一步将退休一事合理化；还发现自己被时代远远地抛在后面，无法跟上现代科技疾速发展的步伐。他们对这些变化一致归因于生理性老化这种必然、客观的现象，认定机体必然随着年岁增长发生衰减，认为"人老心不老"是自欺欺人。

一、老化是必然且呈"台阶式"下降

在老年人看来，年龄增长等同于老化，老化是个体伴随年龄增长必然发生的现象，尽管个体老化的速率、程度、时间、特征等不尽相同，但老化的必然性是毋庸置疑的，此必然性表现为呈"台阶式"的下降趋势。对于人随年龄增长发生老化、出现疾病、归于死亡，老年人一致认为是客观必然的自然规律，是"不可扭转的""谁也阻挡不了、改变不了的"。泉水认为，年龄与老化"这两者只会成正比，不可能成反比"；穿越也有类似的描述："像我们过了60岁逐渐往老的年龄走，不可能越活越年轻。"这是典型的绝对老化观，它视老化为伴随年龄增长出现的不可避免的客观规律，其根基是现代时间观。众所周知，现代时间观是直线矢量时间观，年龄作为生命时间的一种计量呈线性匀速上升，增龄中的老化因此也成为不可逆的"必然规律"，第二章将对此展开详细论述。

老化被当作老年的一种常态。正如受访者所形容的："人总归是这样……年龄越大就向着老的方向来，向死亡靠近……这是天经地义的"（方芳），"该老的还是要老的"（穿越），"总有一天烧饭烧菜烧不动，扫地拖地拖不动……每个人的始发不同，但都要走到死亡这条终点线上"（永军），"年龄大都这样，不是这里不舒服就是那里不舒服……老人可能就是这样吧"（郭恩）。通过这样的集体建构，老化被合理化为老年人的固有特征，出现老化征、罹患重病、离死不远成为老年人的"正常态"。那么，人进入老年期就必须承认自己年老吗？受访者泉水说，"不承认也不行"，其潜台词是，即使自己不承认年老，也会被当作老年人对待。一个"正常"的老年人，应该按照社会对老年人的期望做出"恰当""得体"的行为举止；反过来，只有这样迎合社会期望的人，才是社会公认的"正常的"老年人。这对于老年人群而言，既是对老年文化的被动适应，也是对自身心理和行为的一种规制，一种怪异的矫正。在这样的社会期望中，年龄便获得了一种魔性的力量。人的岁数一旦达到法律规定的或社会约定的老化起始年龄，他/她便骤然成为一位名副其实的"老年人"，被强制性赋予老年身份。同时，老年人对自身老化的认可又成为社会期望的根据。如此，老年人在实现社会期望的同时也确认了"老化的自我"，逐渐养成了社会所期望的心理与行为。

人的老化既是必然的，也是分阶段的。例如"像我们过了60岁逐渐往老的年龄走"（穿越），"人50岁就到了一个台阶，一个一个台阶下了……走下坡路了……现在（60岁）又下一个台阶了"（方芳）。这与诸多文学作品对人生的比喻一样，进入老年期被喻为"走下坡路""下台阶""下山""刹车""夕阳西下"等。受访者泉水对此有一个简洁直观的描述：

> 我三四十岁的时候血压并不高，自55岁起到现在血压、血糖、血脂都高了，这些毛病都来了。年轻的时候，体检医生说"棒呀"，到中年的时候说"嗯，保养不错，身体很好，保持住"，现在就不行啦，这些疾病都出来了。这让我感觉到衰减啦，想到老啊，离开人世也没多长时间了。

二、今昔对比，"不如当年"

服老的老年人通过今昔对比体验到各方各面都"不行了"。"不行了"是受访者用以概述自身衰老状态的习惯表达。

> 泉水：不中用了，不行啦，就是自卑感……当我回顾过去的时候，觉得自己老了。比如现在想看点东西，想学点东西，或者想做点什么，感觉精力都不够了，包括记忆力，最简单的一个例子就是视力……拿来看了两篇，一个是注意力不容易集中了……就像看这个普通书籍一样，还有一个明明知道自己有些东西没有看懂，没有看懂肯定就没有那种有深度的感觉了，没有啦，没有啦，算了，就不搞啦，慢慢，慢慢就不行了……这本书既不像论文一样很高深，也不是很粗浅的科普读物，它

是程度相当于中等、中级一样的书籍。但是，我看着看着就不行了……再加上那个时候自己的视力老化得比较快，要戴老花镜。再加上眼睛也累，看不了两个小时就感觉到累。眼睛累，马上就给自己一种感觉：糟糕了，怎么现在自己这个样子啦……从那个时候开始，再加上有些事讲着讲着就忘了，随便讲的都极不准确了，记忆力也不那么准确了，只有一个大概的印象。……精力也是这样，容易疲劳啊。

"不行了"这个短语中，"行"是指能干、在行，加上"不"字则否定了个人能力，"了"字在此用作完成时态，说明老年人能力降低、体能衰减已成事实，不可也无力挽回。正如孙德所说的"年龄不饶人"，意指即使卑躬屈膝地向年龄（时间）求饶，请求它放慢脚步，也无济于事。这种"不行了"的状态实际上是在与过去年轻时相比较的结果，受访者泉水概括为"不如当年"，这也是老年人对老化的通俗定义。在词汇方面，我们习惯以"强"或"弱"来形容人在青年期或老年期的身心状况，这种由青年时"强壮"到老年期"虚弱"的过程，即为人的老化过程。受访者泉水通过这种跨时间的强弱对比，将老化描述为"慢慢不行了""跟年轻时不能比了""不如年轻时灵""跟过去比差多了"等，概言之就是"不如当年"。在访谈中研究者观察到，受访者每次使用"不如当年"这个短语时，语调提高，语速放慢，伴有或长或短的叹息声，表达了他们对自身老化的无奈和失落。显然，这种比较是以"当年"即年轻时的力量、速度、灵活性等作为标准的。"当年"不仅指过去的某个时间，还可指事业、活动或生命的全盛时期。泉水正是在这一意义上使用该词，强调人生巅峰的青壮年期一去不复返。显然，"不如当年"反映的是现代社会"重少轻老"这种价值取向（见第四章）。

老年人对"不行了"这种老化的感知和体验是在特定的活动过程及其结果的评价中产生的。以受访者孙德游泳为例，现在游的距离远远短于年轻时所游的距离，无论怎么努力都无法接近曾经的记录，在与过去的鲜明对比中受访者感受到了差距，此差距昭示着曾经的记录已坠入历史长河，已离自己悄然远去，这反映到心理上便是感觉到自身能力的降低和衰弱。

> 孙德：老化是自然规律，是不可避免的，从咿咿学语长大到现在，我也确实是在老化，自从孙儿出生后到现在，他都比我高了许多，看着他慢慢长大，我确实感受到了衰老。这不承认也不行的。我感受到最明显的变化就是游泳的长度，以前游的可是现在的 3～4 倍啊。现在游不动了，想做的事也做不了了。这是我感受到的最大的变化。……年轻的时候，我能把 100 斤的大米一口气扛到四楼，可现在 50 斤都扛不动了，年龄不饶人啊。还有就是看着孩子长大成人了，深切地感受到自己真的老了。

老年人常说"心有余而力不足""想做的事做不了了"，加之老年人习惯于其旧有的生活方式，屡试屡败对于任何人来说无疑都是沉重的打击。而老年人习惯性地将"打击"归咎于自身能力不足，且认定能力衰减系客观必然的趋势，人人无法幸免。老年人无论是悲叹失望地，还是自嘲打趣地说自己"不行了"，无不表达了对年老的无奈。

三、认同"落伍者"身份

老年人在与周围世界的互动中体验到"落伍"感。落伍是指跟不上时代或事物发展前进的步伐。不难看出，判断某人或某事物是否落伍是以当前社会发展状况为参照标准的。若用矢量线段来表示现代发展进程，落伍者则位于矢量线段末端，即将脱离行进线程，面临被现代社会淘汰的境地。显然，落伍一词表达了人们对现代的推崇以及对过去的贬抑。这让我们很自然地联想到否定过去、追求未来的基督教旨义和以它为基础的直线矢量时间观（见第二章）。现代社会常常被看作从过去历史发展而来，却又超越了过去历史的"先进"社会，未来也将复制同样的进化法则。时代的更替如此，人亦如此。老年人代表的是过去，而过去在现代社会是不断被否定、被抛弃的对象，并不为人们所肯定、珍视。老年人经常形容自己为"跟不上时代"的落伍者，"停滞不前""跟不上变化"，而且根本"不可能跟上时代的发展"。老年人评价自己"落伍"既是一种自嘲，也暗含自己将被时代淘汰、被社会抛弃的无奈。这种"落伍感"映射到个人心里便是无价值感、自卑感、悲观与无奈。正如受访者泉水所说，既然"干不了事了""没用了""（报）废了"，遭"嫌弃"，遭"偏见"，就应该"被淘汰"，应该远离这个社会，不能"寄生"于此。孙德对此有一绝佳的比喻："老年人就是一本无人翻动的、过时了的书！"他们深刻地体会到，属于自己的世界已尘封史册，自己已退出历史舞台，未来不属于也不包括他们。

　　泉水：我们也感觉到逐步被社会淘汰了，淘汰包括对我们的一种偏见，一种嫌弃，嫌弃我们老了，干不了事了，没用了，报废了，我们也会有这种心理。现在随着时代的……再加上现代社会整体状况，你寄生在这个地方，环境就会对你产生影响，对心理产生一种反应，唉，老了。比如走到外面，适合年轻人的很多东西，像这里的装饰都不适合我们，我不喜欢这些东西，就感觉自己老了。

　　我：什么样的环境适合老年人？

　　泉水：比如我们在外面吃饭，饭也好，菜也好，吃饭的环境，感觉到一种夸张、过度，那些装饰，就不是我们喜欢的那种氛围，我们喜欢比较传统的，像青砖灰瓦那样的氛围……而不是华丽感。

　　我：江南公社？

　　泉水：对，类似于那样的地方。

　　我：凳子是……

　　泉水：对，长条凳。

　　我：碗还是破的。

　　泉水：对，陶瓷碗。类似这样的地方，我们就比较喜欢。还有，进入商城，感觉到自己老啊，不适合自己。比如衬衣、手机。有一次去买手机，我说能用就行，能打电话就行，声音大一点，电池待机时间长一点，就这些要求。从内心来讲，那些眼花缭乱的东西，接受不了，不是说消费不起。就感觉到底哪个才是适合我的。这是环境对我们造成的困扰，感觉内心老了。公园就好多了，虽然年轻人也多，但是公园自然风景多，我不太喜欢城市里的那些风景，更喜欢自然景观。去满洲里，就跑到大草原上去，去黑龙江也是，去了大兴安岭，看着心情特别舒坦，特别喜欢。像这种过分商业化的场所，就感觉自己跟它们有点格格不入。还有啊，在路上走，当路人闯入我的视线时，他的言谈、行为举止，就感觉到这些年轻人跟自己不太相符，有点接受不了。比如路人的服饰、穿着、行为举止，我看着就很不习惯，但我不能怪路人啊，不能要求他怎么样，对吧？其实路人也没什么不对，挺好的，只是自己离社会越来越远了，落伍了。

　　老年人感受到的落伍感来自日常生活各方面的冲击。一是跟不上现代通信技术的疾速发展。电脑、iPad、智能手机对于多数老年人来说是新鲜物件，玩转各种 App（如 QQ、微信等）在他们看来始终是无法企及的高度，他们只能望而却步。二是从家庭事务中（尤其是从家长的位置上）退出。受访者红玫说："令人讨厌的老人就是对孩子管这管那，自己认为不公平的事情就要说，认为自己的观点、想法都是对的，实际上并不是这样的，因为老年人跟不上形势。"周梅也说："老年人说的都是老古董话。"在以成年子代为核心的现代家庭中，受访者们一致认为自己首先不应该"韶"（南京话——啰唆），与子辈之间应该"各管各的"，不要插手。受访者红玫认为这就是"老年人该有的样子"，因为老年人的生活方式已经落后于年轻人，应以年轻人的方式为准则。三是与当代社会环境格格不入。奢靡豪华的装饰、商业化的高楼大厦等无时无刻不在提醒自己：这个时代"不适合"老年人了。无论是现代化装潢装饰，还是年轻人的穿着打扮、行为举止，都让老年人感到突兀。这些迥然异趣不断强化着老年人的老化体验："离社会远了，落伍了。"

由于年龄的增长，人自然步入老年，自然落伍，自然被淘汰、被抛弃，社会时间表（见第二章）在时间上为老年人建立了一个合法化的"异域"——一个被抛弃、被异化的空间，一个无用之物（无用之人）的收容所。在日渐增长的年龄进程中，我们每个人都面临着被删除、被取代、被抛弃的命运，因为时代总是在发展，每个个体都会成为老年人，沦为"落伍者"，被抛弃、被取代。老年人"不行了"，跟不上发展形势，在现代生活的各方面都表现出"无能"，将老年人抛弃似乎就成为理所当然了（详述见第四章）。而老年人似乎也默默地接受了被抛弃的命运，如同废物一般被持续更新的时代抛弃一隅，渐渐被遗忘，最后悄然离世。

四、将退休事件合理化

经过对自身老化的确认，退休也一并视为理所当然。国家法律将退休年龄制度化，工作单位将准退休人员撤至二线提示老年人"该退了"，社会媒体倡导"老年人应该有老年人的样子"，以及老年人对法律的遵从、对社会道德的认可、对"不如年轻人"的自知，共同将退休事件合理化。

退休年龄入法赋予退休事件以强制性。"退休"是指根据国家法律规定，劳动者因衰老或因工、病致残完全（或部分）丧失劳动能力而退出劳动岗位。从概念上不难看出，退休是一个法律事件，其法律性质决定了退休的强制性。我国法律明文规定了男性和女性的退休年龄，"到了（退休）年龄就必须退"是职业劳动领域的一条铁律。在问及退休时间时，受访者泉水回答道："60岁一般要退的，现在一般都不延长。国家劳动部门对这方面要求很严格的，即便是在领导岗位上——单位的一把手……"对于大多数人来说，退休作为一项法律行动，不受权力大小或职位高低的影响。退休的强制性意味着不论职位高低、贫富贵贱，所有社会成员一旦岁数达到退休年龄就必须退出工作岗位。每个社会成员从出生之时就"自动"获得年龄，其年龄同时间一样不受人为控制、呈匀速线性累加，每一个体的年龄（理论上）必然增至被法律化的退休年龄，为此，社会成员的退休变得理所必然。退休事件因此成为每一位在职劳动者都要面临的一个"现实"，一个不可避免的生命事件。在以直线矢量时间观为主导的现代社会，人的老化和年龄的增长都被视为必然的客观规律，这为退休政策的制定和退休年龄的设定提供了"客观"的合理化、合法化证据。既然增龄和老化是必然的、不可逆的，那么以此为基础的退休自然也是必然的，是毋庸置疑的。

退休既成"必然事实"，老年人所在的工作单位在其临近退休年龄的2～5年便将此事提上日程，让准退休者意识到"该退了"。为此，工作单位通常采取一些策略。首先，降低对准退休者的要求，或者不提出任何要求。这使准退休者意识到自己在单位的地位无足轻重、可有可无，正如受访者泉水形容的"上班如同老和尚撞钟"。这种"和尚撞钟"的体验不断提示准退休者：你老了，该退了，不再被需要了。泉水将自己的处境描述为"两不管"状态——"下面年轻人管不了，上面领导不敢管"，左右为难。这种尴尬处境反映了准退休者的心理：不要自不量力，不要讨人嫌，早走早了。其次，施以尊老之礼，以礼攻"退"。尊老尚齿是中华民族的传统美德，在绵延数千年的封建社会曾一度成为普遍的社会行为准则，也是古人启蒙教育的第一课，这一传统在老一辈的思想中可谓根深蒂固。在奉行尊老礼制的封建社会，长者受到幼者的礼遇是理所当然的，如若年轻的领导对年老的准退休者施以此等礼遇则意味着提醒准退休者：作为下级且"无用之人"蒙受上级和同事的尊敬，就不要"自不量力""鸠占鹊巢""尸位素餐"了。第三种，工作单位不断地给准退休者施加工作压力，如安排不可能完成的任务，使他们感到"无能"、无法胜任工作，挫败其自尊和信心，从而迫使其退离。面对强制性的退休制度和工作单位的人员配置，准退休者只能服从。除了听从、服从，做一只受欢迎的温顺羔羊外，大多数人别无选择。

除强制性的法律规定以及单位内部工作人员的排挤外，对长者的道德期望也强化了退休事件的合理性。对一位发髻鬓白、白发苍苍的长者，我们很自然地联想到慈祥的面孔、丰富的人生履历、超然豁达的人生态度，诚如高龄者曾一度被古代帝王将相奉为当时社会的道德典范。近代以来伴随着封建制度的瓦解，尊老礼制迅速坍塌，但人们对长者的道德期望似乎并未发生多少变化。这种道德期望犹如一道"紧箍咒"，时时提醒准退休者"要以身作则"，"要给自己画上一个圆满的句号"。"以身作则"是指做一个"守规矩的人"，唯有按照工作单位上下级的要求，听从其言，顺从其意，方能皆大欢喜。显然，倚老卖老的行为是要受到贬抑和斥责的，年长者作为社会道德的模范更应以身作则、率先垂范，做一个符合社会道德规范的"典型"。

老年人自身的反应也对退休的合理化起着极为关键的作用。对于法律规定的退休年龄，受访者们一致认同"到了年龄就该退"，认为退休同生老病死一样是必然的，"一代一代的，到了年龄就得退……这是很正常的"（穿越），"个人没有选择"（方芳），"规定是这样，制度是这样，每个人都必须退"（永军）。他们对原工作单位的决定和安排，认为是理所当然的。能够为后来的年轻人腾让工作岗位，缓解社会就业压力，他们感到无比自豪。正如穿越所说："该走的时候不应该还把工作拽在自己手上，年轻人要接手。"永军也认为："要是我们都不退休，年轻人干什么啊？新老一定要交替的。"泉水则从社会大局出发，认为为年轻人腾出职位，缓解就业压力就是在稳定社会秩序："我们国家现在面临的一大问题是就业问题，每年那么多的毕业生进入社会，要有位子给他们就业，只有老年人退了才有更多的位子，所以要赶紧退，把位子腾出来，把名额让出来，把编制空出来。解决就业问题就是解决社会稳定的问题。"此外，永军还认为退下来的老年人不应该与年轻人竞争工作："一些机会得留给年轻一点的，要是继续工作肯定要把他们挤掉，所以我不去做。"关于社会对年长者的道德期望，受访者们无异议，均表示赞同。做一名"正常的老年人"就是要有自知之明，要认识到别人能胜任的工作"我"不一定能胜任，因为"我"已经到退休年龄了，已经老了。

退休是一个不断"丧失"的过程，强制退休将老年人边缘化为一个无关的"他者"，而"他者"身份反过来又强化了老年人对自身无能的确认。退休是我们再熟悉不过的生命事件，对老年人群的意义尤为重要，因为它标志着老化、老年生活的开始，是人生的一个重大转折点。正如受访者泉水所说："60 岁是人生的一个转折点，（进入老年）像是过了一个坎，以后就跌跌撞撞了。"对于泉水这样工作了数十年的人来说，退休无疑是步入老年、成为老年人最重要的标志，也对退休事件引发的变化及其影响体验尤为深刻。他将退休生活带来的方方面面的变化概括为"丧失"，包括社会活动范围窄化、社会角色丧失、人脉关系锐减、身心功能衰退等方面。其中，最关键的"丧失"是工作权的丧失。泉水将退休比喻为"刹车了""停车了"，因为前方无路可行，即仕途之路已终结：原职位没有升职的空间，专业上没有更多的发展空间，自身对工作的兴趣大大降低……退休事件令泉水体验颇深的是社会排斥感——"（曾经工作时）整天是在社会大范围内生活，自己是其中一分子……退休了，一切都不存在了。"退休者被排斥在"工作圈"之外，随之而来的是权力、身份、角色的转变，"局内人"变成了"局外人"，曾经的参与者变成了无关的、不重要的"第三者""旁观者"。这种"旁观者"

身份反过来又强化了老年人自身无能的意识。正如红玫所说，"退休后成了废人一个"。对此，他们也感到无奈，因为这是由客观必然的生理性衰老决定的。

五、臣服于生理性老化的决定作用

无论是落伍还是退休，老年人都将其归咎于生理方面的衰老。例如，在新鲜事物面前，他们总是认为自己视力不行，或者记忆力不行，或者精力不行，然后果断地给自己贴一个标签——"跟不上形势了"。退休更是如此。对何时退休，受访者泉水认为生理状况是先决条件："我和过去作比较，现在真的是吃不消、干不动了……身体状况是工作的先决条件。"也有研究指出，"吃不消""力不从心"就是应该退休的标志（李琴，彭浩然，2015）。麦加里（McGarry，2004）的研究发现，意愿退休年龄的变化取决于健康状况。穿越曾说："一个人再能再强，到了这个年龄跟年轻人肯定是不能比的。"因此，既然不如年轻人，老年人就应该退出工作岗位，将职位留给更"能干"的年轻人便是理所当然。对老年人标定的种种"不行"，他们总能在生理方面找到原因，习惯性地归因于自身的"无能"。

在老年人看来，老年心理也是由生理性老化决定的。科学心理学将"心理"界定为"脑的反映"，视生理（实为脑）为心理的基础，故生理决定心理便不难理解（相关讨论见第三章）。受访者泉水对此有深刻体验："身体、精力慢慢在衰减，慢慢就让自己感觉到老了。……视力只是一种自然现象，但这种自然现象会诱使你产生老的心理——哟，原来没有老化的东西现在开始老化了。"他认为"心理"之所以老化，最根本的原因在于生理上的衰减。另外，在论述拒老心理时提及，"人老心不老"是时下颇受人们欢迎和欣赏的一种对待年老的态度，但在服老后，一旦认可了生理性老化的决定性作用，"人老心不老"的神话注定要破灭。泉水认为身体决定心理才是"硬道理"，"人老"这一基础决定了"心老"，"越活越年轻"不过是泡影，充其量只是人际间一种善意的慰藉。在他看来，"心不老"不过是老年人"发泄"的一个途径，是在缓解退休前工作和生活上的多重压力；老年人的生活态度"玩一天就过一天"，也表达了他们对年华易老的"遗憾"以及对"再活一把"的奢望。方芳也说"心态好只是表面的，老就是老了"。泉水认为"身体越不好的老年人越强调保持一个良好的心态"，言下之意，这样做（认为"心不老"）其实是一种心理策略，不过自欺欺人而已，罔顾了"实质的东西"，即"人老"这一必然规律和客观事实。既然生理性老化对老年心理起决定作用，而生理性老化是客观必然的，那么，基于生理性老化之上的这种悲观、无奈的消极老年心理也就成为客观必然。

臣服于生理性老化反映的是一种生理决定心理的简单线性的因果逻辑，事实上，老年心理也能影响生理上的老化。在很多情况下，所谓的因果关系只是一个脱离了情境的公式。已有研究证明，经济收入、身心健康和支持性社会网络是决定老年人幸福感的重要因素，但就这些因素而言，它们本身毫无意义，根本无法决定老年人的幸福感。例如，即使我们拥有再多的钱，若无处可用，钱能给我们的生活带来什么呢？同样，身心健康的意义关键在于它能为我们进行重要的活动提供条件；如果我们不与同伴联系，支持性网络于我们亦无任何意义。健康、财富、支持性网络本身并不能决定老年人的幸福，不过是提供了一种可能性（Gergen & Gergen, 2010）。然而，老年心理却能影响生理性老化。埃伦·兰格尔（Langer, 2009: 9-11）的"逆时针试验"证明，正念可改变生理性老化，该研究还启示人们，每个人对同样的老化现象会作出完全不同的反应，个人的力量可超越社会文化的规范和限制。而且，老化本身不仅仅是一种生理现象，老年人群也不仅仅是一种人口分类。身体社会学（吉登斯，2009: 181）已证明，老化绝非纯粹的生理现象（Gullette, 1998），身体也不是一个自然性的生理存在，不完全等同于进行新陈代谢的生物有机体，并不仅仅是自然空间内占用体积的物理存在，它一直处于社会的生成之中，被一系列社会的、权力的、宗教的、习俗的因素所规范和限制，是社会文化塑造而成的建构物（刘保，肖峰，2011：191）。生理方面的老化必然受到社会经验的影响，同时，也会受到我们所属群体的规范和价值观的影响。

第三节　怯老：对疾病和失能的担忧

对正承受病痛折磨的老年人，疾病是生活的一大焦点。身体像"机器"一样，伴随年龄的增进而继续衰老，出现疾病乃为生命演进的自然常态。老年患病尤其是罹患重病意味着丧失能力，不仅毫无贡献，还消耗社会资源，形成对社会尤其是对家庭（成年子代）的依赖，因此老年患病被污名化为"负担""累赘"。这个污名标签与老年人一直奉行的"贡献精神"相矛盾，造成老年人对自身整体的、完全的否定。老年人对罹病的担忧继而转化成对自己成为家庭包袱，成为"无能者""无用者"的担忧。他们一方面遭受疾病的煎熬，承受病痛带来的极大苦楚，另一方面又因疾病上的象征和评判的重压而陷入无奈、自责、愧对家人的心理漩涡之中。对此，避免、消除疾病，恢复、保持健康似乎成为他们的唯一出路。为此，他们视健康为生活最根本的基础，保持健康就转化为对家庭、对子女的一种"贡献"，以此来化解老年患病的污名化。

一、老年多病是"常态"

基于生理性老化的客观必然性，老年患病往往被视为"理所当然"。桑塔格（2003：5）在《疾病隐喻》的开篇即宣告："每个降临世间的人都拥有双重公民身份，其一属于健康王国，另一属于疾病王国，尽管我们都乐于使用健康王国的护照，但或迟或早我们都将被迫承认也是另一王国的公民。"伴随身心的衰老，老年人出现病症似乎是一个"正常"现象，年老多病也往往高居老年刻板印象名单之首。学术界甚至用专业术语"老年病"来形容老年人群患有的病症，即由身心衰老导致的疾病。在充斥着老年人"体弱多病"的媒介传播下，老年人错将原本属于主因老化的疾病归于次因老化，即认为老年病如人之老化一样客观、必然。像郭恩所说："年龄大了，身体就像是纸糊的，不能碰。"她视老年人的身体为"纸糊的"，一点即破，沾水即化，可见身体的易病性。既然身体的衰老不可避免，那么躯体疾病的出现也就自然而然，是再"正常"不过的事情。受访者郭恩还认为"老人可能就是这样（多病）吧"。老年人对"体弱多病"这一印象的自我刻板化无异于一种"预言的自我实现"，即给自己贴上"体弱多病"的标签并予以实践，久而久之，老年多病便成为一种生活常态。当疾病与衰老捆绑在一起，其他年龄人群一旦出现类似的病症也容易将之归咎于身体的衰老，进而强化自身的老化体验。博德（Bode，2012）对比了中年风湿病患者与老年风湿病患者的老化体验，结果发现，中年风湿病患者体验到未患有风湿病的老年人所体验的生理性老化。简单地说，疾病会令中年患者提前体验到衰老。对身心已经衰弱的老年患者更是如此。疾病被看作老化的一个结果，反过来，也会加深老年人的消极悲观心理。

受访者泉水的"身体机器"类比就是将老年患病常态化的一个典型例子。在他的讲述中，身体被喻为一台运转着的机器，人的生活和工作从身体这台机器中不断地产出。机器不停运转，到老年必为一台锈迹斑斑的破旧机器。破旧的机器必然承担不起往常的生产活动，严重耗损、易出故障是这台破旧机器的常态。这在人体上则表现为生病。机器既出故障，则送往医院这座修理厂，经由医生即修理者的妙手开腹解剖，或

除污去垢，或更换零件。机器若修好，则"接着运转……凑合着用"，
否则，机器散架、报废就只能"拉倒"。

　　泉水：机器老了，随时都有可能需要修理、保养。做了一
　　个小手术，昨天下午出院回家了。……我出修理厂了，去修理
　　厂修理机器去了。反正也是破旧机器了，修理修理凑合着用。
　　谁不生病啊？不可能！只是时间不一样，不管是谁，只要到医
　　院都有病。进了医院门，就没有健康的人！……哪里出故障了
　　就修理下，接着运转。
　　　……
　　我刚开过刀，不敢用力。零件不少，修理了一下。反正是
　　挨了一刀！哎，生了病，没办法，只能听医生的。老话说：小
　　车不倒只管推，推散架了就拉倒。去 4S 店保养一下还是可以继
　　续推的，紧紧部件，上上润滑油，还可以继续推一阵子。

这一比喻与戈斯登（1999：导言）对身体的"汽车"隐喻不谋而
合。戈斯登在《欺骗时间》一书中写道："身体与汽车有许多相似之处，
都是需要燃料才能工作的机器，且注定都会过时。换一个引擎，换一个
齿轮箱就能使老爷车在一段时间内重获新生，但生锈最终将结束它的生
命。现在多数人在做的就是在身体需要的地方进行类似的保养和维修工
作。"将人比作机器是近现代心灵哲学中十分流行的一种观点（周晓亮，
2005）。根据这种观点，人无非是一架高度精密的自动机器，肉体活动
和意识活动都可以按照机械运动的模式来解释。近代首先提出"人是机
器"这一口号的是法国哲学家拉·梅特里，后来控制论和计算机科学的
发展使"人是机器"的论断获得了理论的支持和实践的体现。图灵提出
的"普遍图灵机"假设及其著名的"图灵实验"，将人的思维、认知、
学习等意识活动都纳入机器概念的范围。不可否认，身体的"机器"隐

喻是人们认识、理解机体变化的一种方式，但也必须警惕其中暗含的一个致命假设，即将身体的衰老当成一种客观和必然。

二、老年罹病被污名化为"累赘"

老年患病不仅被常态化，还被建构为对他人、对家庭、对社会的依赖。老年患病尤其是罹患重病，意味着生活自理能力的丧失，需要依赖他人。受访者泉水认为就是"寄生"。寄生的原意是指受害方与受益方共存，后者为前者提供营养物质和居住场所。显然，将老年人喻为"寄生物"的观点颇不适宜，这种观点认为老年人不仅是现代社会的依赖者，还是消耗者，耗竭国家财政，加重家庭负担，成为社会、家人的"包袱""累赘"。事实上，老年病人确实常常被摆在社会负担的层面来看待（陈运星，2010）。视老年人为"负担""包袱""累赘""寄生"，显然是对他们的一种赤裸裸的歧视，歧视中还包含对老年人的反感、排斥、嫌恶、厌弃和孤立。

支持这一观点的原因有二：一是因为患病老人不但对社会毫无贡献，还消耗社会资源，形成对社会的依赖。在（当今的）老年人青壮年时期所处的社会，"工作业绩和成就"是衡量个人价值的唯一标尺，个人的唯一价值就是为社会、为集体"作贡献"。"一定要做得比别人好"（泉水）——在芸芸众生中脱颖而出成为"作贡献"的佼佼者——就是那个年代的人的最高追求。在工作面前其他一切都要让位，因为工作才是"正事"，才是在"作贡献"。在那个时代，"作贡献"是彰显个人价值，获取社会认可，斩获权力、声望、财富的主要乃至唯一路径。受访者红玫为受过高等教育的母亲不能施展个人才能、为革命事业作贡献而叹声惋惜——"我觉得她太窝囊了，只能在家里当媳妇、照顾孩子、伺候婆婆，遵守过去的那一套老礼节。"在一直恪守着"作贡献"传统的一代人看来，老年患病无疑是一记重重的打击：一方面，退休进入老年，个人丧失了工作这一为社会"作贡献"的机会，其为主流社会所珍视的个人能力和价值一并遭到否决；另一方面，老年人领取退休金被视为"消耗"国家财政，患病治疗花费高昂的医药费更是雪上加霜。因此，老年患者尤其是重病患者往往被污名化为社会的"负担""累赘"。

二是单位养老制度的解体将老年人的依靠源驱至家庭，迫使老年人形成对家庭的依赖。我国在改革开放前实行的是"集体帮扶"式的单位养老，个人将自己完全交付给单位、组织，无须考虑个人。但是，改革开放后单位养老制度被解体，养老重任自然落到个人及其家庭身上。今日的老年人在年轻时听从单位组织的安排，从未为个人谋划过未来，如今只能依靠成年子女的帮助和支持。受访者红玫对此深有体会，她说：

> 那时跟现在的思想完全不一样，我们当时完全把自己交给组织，把自己托付给国家了，生老病死都交给组织，根本没考虑过自己未来要养老。改革开放之后，政策就变了。我们都没考虑这些，当时想自己的未来组织肯定会管的，没想到政策一变什么都没有了。到现在养老就成问题了，都得靠自己，要不就指望儿女。……养老问题的关键一个是医药费，一个是在我真正不能动的时候这笔费用谁来出。过去没有后顾之忧，现在烦死人了，不知道未来是个什么结局？现在的老同志都念叨过去好，因为没有后顾之忧，至少生病这一块不操心，不费脑筋，但现在不行啊。

在"养敬并重"的封建社会，依靠家庭似乎理所当然。然而，在现代社会孝老敬老的传统式微，老年人的家庭地位降级，老年人对家庭的依靠不再被视作孝老的机会，反而被看作对子辈造成的一种干扰和损耗。患病老人尤其是丧失自理能力的老人不仅需要子代的经济支持，更需要子辈的日常照顾和陪伴。这正是受访者红玫所忧虑的。在宣扬"独立自主"的现代社会，"依靠子辈"的行为自然显得格格不入。对于注重"个人享受"的年轻人来说，老年人的依靠无疑被视作"沉重的负担"。

三、担忧：从患病到家庭矛盾

既然家庭是现代社会老年人唯一可"依赖"的支持源，他们一旦患病就意味着"耗竭"家庭财力、给子代增加压力，为此他们担心患病，担心由此引发家庭纠纷。这种家庭纠纷集中在婆媳、翁婿之间。依照"养儿防老"这种反哺式的传统养老观念，儿子、女儿赡养父母不为过，但这必然影响媳妇、女婿这些"外人"的生活，进而引发家庭矛盾。这是"家庭责任感极强"的老年人最不愿意看到的情形。受访者门怡和红玫详细阐述了这种担忧：

> 门怡：儿子每个月卡上出 3000 块钱，他不难受吗？儿子又有媳妇，媳妇不难受吗？
> 我：她可能会理解的。
> 门怡：不可能的，现在人都自私，自私得厉害。我是她老婆婆，老婆子怎么能拿儿媳妇的钱？儿媳妇有几个给老婆子拿钱的？

> 红玫：自己经济条件有限，得指望儿女，全指望儿女的话又不太好，这样不就给儿女找麻烦了吗？我担心的问题是弄得儿子夫妻不和就麻烦了，就怕一个（儿子）愿意另一个（媳妇）不愿意，弄得小夫妻闹矛盾，这样我就过得不舒服。儿子孝敬母亲再怎样也不为过，但媳妇跟着做，人家不就受委屈了？最后夫妻两个闹意见我怎么安心过日子啊，这样的日子就过得没意思了。

为此，他们叹息自己的命"不值钱"，认为病也"不值得治"。门怡称治病的花费为"冤枉钱"，一是因为对自身的顽疾丧失治愈的希望——"我没救了，治不了了。"二是即使恶疾被治愈，自己也无法再为家庭作贡献，因而治愈也是白治。红玫也认为老年人花钱治病是徒劳："花钱又受罪，让家人背债背得不得安生。"

老年人对罹病的担忧反映了对自己成为"无能者""无用者"和社会"寄生者"的担忧。受访者泉水将老年患病的状态喻为"抱药罐子"——频繁进出医院，整日与病症、药物为伴。这条路是要极力避免的，因为它不仅否定个人能力，使人成为"包袱"，还使生活陷入单调乏味、丧失乐趣的泥沼之中。疾病尤其是慢性病、重病、绝症常常被形容为病魔，像魔鬼一样害人。对于没有收入或收入微薄的老年人而言，患病更意味着对家人的依赖和拖累。依赖和拖累反过来又暗示自身无能。在强调个人成功的现代社会，无能者显然是遭鄙视的。老年人对疾病的恐惧恰恰体现了对自身无能的担忧和焦虑。在受访者泉水看来，"要依赖社会，依赖亲人帮助"是老年人最害怕的一种生存状态，所以"谁也不愿意走到那一步"。老年人最恐惧的疾病之一是老年痴呆症，此病意味着生活不能自理，完全依赖他人。受访者泉水将其喻为"像神仙一样活着"的"死人"，"像神仙"是因为他们无痛无乐，无喜无哀，"活着"是因为他们的机体还运转着，有衣食住行等基本需要，"死人"是说他们无法与常人交流，丧失"理性"，丧失辨别是非好坏的能力。这种类似"精神植物人"的痛苦和煎熬因患者丧失自主意识而被转嫁到亲人身上，除了花费和照料以外，家人更多的是对病症的无奈以及对病患者的怜悯。受访者表示，对于这样的老人而言，安乐死或许不失为一计良策，但是剥夺人的生命权始终有悖人伦，且安乐死在世界大多数国家是违法的。面对这样的无奈，受访者泉水和红玫再三强调，"谁都不愿"如此，不愿患病，不愿拖累家人成为"包袱"。

老年重病患者不仅遭受疾病的煎熬，承受病痛带来的极大苦楚，更因疾病上的象征和评判的重压而陷入无奈、自责、愧对家人的漩涡之中。

老年患者最不愿成为家庭的负担。对家庭的依赖主要包括日常照料和经济花销两方面：丧失生活自理能力的老年人需要长期的照料者，或请保姆代之，或入住养老机构；随之产生的高昂费用令原本节俭纯朴的这一代人不得不忍痛割舍，尤其是对于那些需要依靠成年子女供养的老年人来说更是一种折磨。他们承受着来自疾病和家庭的双重压力，一方面是病魔带来的疼痛，另一方面是巨额支出的花费以及子女大量的时间和精力。在双重压力下，他们宁愿结束自己的生命也不愿成为儿女的"累赘"，正如受访者门怡所说："儿女也受累，负担太重了。多大的负担，要是死了多好，一切天都晴了……心里难受得没法过，要是死了该多好。"他们挣扎在"耗竭"家庭与"不愿给孩子添麻烦"的矛盾之中。为寻求对目前现状和自身经历的某种解释，宿命论成为大多数人的选择：既然"命运就是这样决定的"，就只有认命。这种解释无疑显示了老年人对此种"命运"的无奈和悲观。

四、保持健康即是"作贡献"

　　鉴于老年病患者受着疾病之痛与"累赘"污名的双重折磨，身心健康被老年人视为生活的重中之重。受访者坚毅说的"健康比什么都重要""健康不能透支"这样的倡议受到广泛青睐。健康问题在老年生活中晋级为最重要的问题。郭恩说"到了我们这个年龄，身体是最重要的了"，泉水也说"老年人身体好是第一要紧的"，坚毅也持同样的观点，认为"健康是老年人第一大需求，要把老年人的健康摆在第一位"。人步入老年，伴随各种关系、角色、地位的丧失，健康逐渐取代事业成就，成为老年生活的唯一目的。正如泉水所说："我们已没有事业了，也没有奋斗目标了，身体显得更重要了，老年人的任务就是养好身体。"在健康如此受重视的背景下，老年人痴迷于锻炼、健身、食疗，不少人为祛除百病、延年益寿寻觅养生之道，迷信偏方、保健品、万灵药，甚至不慎成为推销骗子的猎物。

老年人视健康为生活最根本的基础。处于怯老状态的老年人高度认同生理性老化的决定性作用，那么健康的身体便是进行一切活动的根基。正如方芳所说："身体好了什么都好；老了身体不好，生活一点质量都没得了，就没得意思了。"又如坚毅所强调的："生活自理、头脑清醒是老年人的第一项任务，只有在这个基础上才能开展后面的活动。人都不能动了，瘫痪了，还能开展什么活动？还有什么生活质量可言呢？"显然，由于坚信生理决定论，重视、珍视健康便不难理解。但坚持这种观点也有一个恶果：一旦丧失健康、身染恶疾，便将自己呈交于医学专家，期盼恢复健康；否则，人们要么手足无措，要么无可奈何，承受的只有病痛和最终走向死亡。

老年人重视健康更为重要的一个原因是，保持健康就是对家庭、对子女的"贡献"。既然老年人患病被污名为"负担""累赘"，那么老年人健康、生活自理、经济独立则是对这一污名的彻底破除。"不拖小孩后腿"（方芳）、"绝对不折腾我的儿子"（郭恩）这些表达常挂在老年人嘴边。周梅直截了当地说："现在身体好就是在支持孩子的工作。"方芳也有类似的观点："身体好就是在给子女减少负担。"这些都表明老年人对疾病的畏避和对健康的渴求，希望自己对家庭有所贡献，对后代有可圈可点的价值，而不是"依赖"家庭，成为子女的"包袱"。"不麻烦子女"成为一直奉行"贡献精神"的一代老年人最基本也是最重要的自我要求。因此，现代老年人想方设法减轻子女负担，为子代家庭"作贡献"。例如入住养老院，"老得不能动了，不能给他们作贡献了，就住养老院"（孙德）；"我已经为自己和老伴找好退路了——当我们做不动饭，扫不动地的时候就住老年公寓去"（永军）；或者，将生活简单化，降低生活要求，"你们减轻工作压力，我们减轻生活压力……我们这代人要求比较低，你看我不需要买衣服，鞋子是孙子的，裤子是儿子的，帽子、包是旅游时送的"（永军）；"请一个保姆给我做吃的、做喝的就行了，都 80 岁的人了，能有人照顾起居就行了，老了能干啥？我就这点要求"（刘刚）；甚至，只要孩子提出要求，老年人定有应必答，"只要孩子需要我，我肯定义不容辞地去帮他，我自己的事情不是什么事情……我觉得这是做父母该做的事"（穿越）。当永军转述媳妇说的话"爸爸，你很不错，没有麻烦人"时，自豪感顿时涌上心头，他还特别列举了数个事件向访谈者说明自己"对后代还很有用处"。现代老年人的这些做法正如一句打油诗描述的"献了青春献子孙，为了后代宁伤身"。他们之所以这样，一方面与其秉持的"为社会、集体作贡献"（而不是注重"个人享受"）的价值观相符，另一方面是为了证明自己"还行"，还能作贡献，还有价值，而不是"依赖"家庭，成为毫无用处的"累赘"。

第四节　终老：在恐惧和无奈中向人生告别

鉴于老化与死亡的必然性，老年受访者认为高龄的人"该'见马克思'了"，不应苟活于世上，徒耗资源，拖累家庭。从世俗角度来看，死亡就是彻底消亡。这一命题似乎是毋庸置疑的。人们对丧失亲人的悲伤正是因为逝者离他/她而去，完全、彻底地消失而引起的。由于人死即为虚无以及死亡的必然性与不可控性，导致老年人对自身的死亡充满恐惧。面对即将终结的生命，老年人表现出对眼下生存现状的无奈和对生死的无奈。他们徘徊在生与死之间，不知是该继续活着还是趁早解脱。

一、该"见马克思"了

人的死亡具有必然性与不可控性。"死亡是人的最终宿命"，这似乎是一条亘古不变的绝对"真理"。如前所述，人经由老化必然走向死亡，疾病加剧了人趋向死亡的速度。"死亡"对于任何人来说似乎都是最无悬念的生命事件。"人人难逃一死"，是对人的死亡必然性最平常又最极致的表述。受访者泉水将"死"形容为"铁律"："生老病死是铁定的，谁都得经历。"德国死亡学家埃伯哈德·金格尔曾说过："谁企图避免死亡，就要先消除自己的存在。"依照现代科学的观点，死亡的绝对必然性同时意味着它的不可控性。其不可控性投射在普通大众身上便是流行的宿命论。正所谓"天难谌，命靡常"。受访者门怡说："一个人一个命，可由不得你。"此天命靡常的生命观注定了人对死亡只有无奈和悲观。虽然提倡和强调个人要主动把握命运，有道是"生死有命不由命，我命由我不由天"，但是，人的力量在宿命面前似乎微不足道。

处于终老状态的老年人认为自己行将就木，该入冢宅了。不少受访者将死亡喻为"见马克思""回老家"，回族信仰者莎莎称其为"归真"——回归真主之意，而穿越将死亡喻为代际间的轮替："人总是一代推着一代走的。爷爷奶奶、父母在的时候，自己岁数小，那么死肯定是从爷爷奶奶开始。现在父母去世了，接下来就轮到我们了，因为家里我们最大，不就轮到我们死了？"她认为死是一家之中依照年龄次序轮流发生在每一代人身上的必然事件，现在自己作为一家之长临近死亡再正常不过。穿越同泉水一样将身体类比为机器，机器经过长时间的"磨损"（老化）必然崩溃（死亡），因此她认为人到高龄而死就是"正常之死"，应当作"喜丧"对待。所以，高龄老人就应该去"见马克思"。对此，另一种更为激进的观点来自永军，他赞成《论语·宪问》中"老而不死是为贼"的观点，理由是"老而不死会带来负面影响——吃粮食不做事，浪费粮食，占用资源，增加医院、养老院的负担，活着多余了……如果这个人持家长制，思想僵化，就使后代得不到好的发展。"受访者门怡甚至还斥责那些依赖子女"苟活于世"的老年人：

人活那么大没有用，反而给儿女增加负担，你看什么用也没有，反而这事那事的，多烦人。那个门口坐轮椅的王太，她三个女儿一个儿子，孩子每天都得来，一不来她就气得哭。有天晚上 5 点了，还下着雨，女儿还要来，都受不了。我就想别活那么大，活那么大儿女也受累。

短语"老不死"显然是对老年人的一种贬称，暗指年老无用之人苟活于世。既然老年人无用，于社会、于家庭无所贡献，活着还"抢占""浪费"社会资源，这样的人生便毫无意义，"该死"便是理所当然。西方社会同样流行类似的说法："死是老人的天职（duty to die）。"（Lebovits，2011）

流行语"老年人没有未来只剩回忆"也暗示着老人该离世远去。"年轻人想未来，老年人靠回忆"，既是年轻人的判定，也是老年人的共识。"否定过去，追求未来"的直线矢量时间观（见第二章）决定了现代人的生活主要是以"未来"为导向，一切可能均朝着明天，朝向未来，有道是"有明天就有将来"（马一波，钟华，2006：204-205）。而距离死亡越来越近的老年人自然没有可塑的"未来"，只有定型的"过去"。对"过去"的否定承载着对老年人的蔑视，乃至"回忆"成为一种刻有老年污名的标签，"怀旧"被看作一种病症。这种以未来支配现在与过去的直线矢量时间观借由贬低过去、抛弃现在抽空了老年人的生存依托。正如受访者莎莎所叹息的："90 多岁的人就朝死里走了，快 100 岁的人能有什么活头？只能眼巴巴地看着死了……没什么未来，也没什么希望了，到头了，就要归真了。"时间是生命得以延续的根本性基础，老年人"没有未来"就没有希望，没有希望就没有生存的意义。正如帕斯卡尔强调的："只有'将来'才是我们的重点……我们从未真正地生活过，只是在期待生活。"（马一波，钟华，2006：205）

二、人死如灯灭：死亡是一切的终结

死亡意味着一切的终结。自古及今，人类都在探索人死亡之后的问题，不同的哲学流派、宗教学说都给出了不同的答案。尽管答案各异，但在信奉"眼见为实"的实证主义的现代社会，多数人坚信人一旦死亡则彻底消亡，身心完全消失。正所谓"人生似幻化，终当归空无"。死具有彻底的否定意义（何显明，1993：23）。永军对此有详尽描述："死了就没有灵魂了，大脑不活动了，没有思维了，喊也喊不醒，拿石头砸也不知道疼，死了就一了百了。"永军还转述了他的小妹对"人死即空"的一个隐喻："妹妹跟我讲：'哥哥，我这辈子完了……我是一个碗，打碎了，什么也没有了。'"永军之妹染有肺结核，由于医生误诊，被迫在科室之间折返，某一天在中途突发病亡。这与"碗碎"的类比甚是贴切，碗通常是由于疏忽被碰倒落地，犹如医生误诊。碗一旦破碎便无法挽救，好比肺结核一旦恶化便后果不堪设想，丝毫没有症状予以提醒和预示。犹如碎碗不再是"碗"，人在死亡后亦遁入虚无，彻底消失不见。

老年人对"人死即空"的世俗观念非常强，乃至将所有宗教学说贬为世人的"安慰剂"或斥为自欺欺人、装神弄鬼之说。例如，当问及宗教信仰时，泉水认为"他们装神弄鬼"，红玫则强调要有实实在在的"证据"，她说："我什么也不信，都是虚空的东西，把你们说的鬼啊、神啊，找一个给我看，看到我就信。"永军也戏谑道："有人相信有来世，问：'你下辈子还愿不愿意跟我做夫妻？'对方回答道：'还不知道有没有下辈子呢！'"

三、恐惧死亡

老年人对死亡产生恐惧心理。死亡是机体老化的必然结果，必将降临于每一生命个体，首先是老年人，因其机体已经"磨损"老化。经受访者郭恩观察，人体的某些老化症状必然引发死亡，进而引起他对死亡的担忧：

> 我现在75岁了，最害怕身体发生变化，因为看到太多的同
> 事身体出了问题突然就离世了，所以我很害怕，可以说是恐惧。
> 现在最害怕发生这样的事情，所以我现在尽量锻炼，注意饮食，
> 避免悲剧过早发生。

郭恩将身体的老化视作"不安全事件"，认为它必然会对自己的生命造成威胁，所以它是一个危险因素，时刻提醒自己生命即将终结。为此，她希望通过身体保健以延缓衰老、预防疾病、延长寿命、推迟死亡，避免死亡"过早发生"。但实际上，正如受访者使用"过早发生"一词，这意味着死亡同老化一样只能推迟无法避免。也正因为死亡的必然性和不可控性，人一旦死亡即彻底消亡，由此造成老年人对死亡的恐惧感。

"重生轻死"的价值倾向加剧了老年人的惧死心理。重生轻死，通俗地讲，相当于某些受访者认为的"好死不如赖活着"。

> 方芳：到生病不能动的时候，真正到了老的那一步，就开
> 始怕死了。人临死时是不想死的，有求生的本能。我父亲就是
> 这样……他叫我们送他到医院去，求生的意愿很强烈。所以，
> 我觉得人还是怕死的，临死的时候都是害怕的。……人老了并
> 不想死，怎么着也得活着啊。

郭恩的死亡"悲剧"将死亡类比为悲惨的、不幸的、灾祸性的结局，充分体现了人们对死亡的贬抑态度。"乐生悲死"的生命态度，通过对生的美化与庆贺和对死的丑化与哀悼潜移默化地渗透到人们的日常生活、习惯思维中，有意无意地强化着人们的惧死心理。

现代科学对尸体现象的魔化，参与建构了人的惧死心理。法医学刻画的"尸体现象"包括：尸体腐臭发出的秽气，群蛆丛拥争食的画面，脏器自溶后裸露出来的雪白骨骸等，如此种种或与脏乱污秽的卫生条件，或与恶鬼凶灵的怨恨复仇，或与魑魅魍魉的肆虐猖獗联系在一起，难免令人毛骨悚然、不寒而栗。死亡后的不确定性不可避免地加剧了人对死亡的焦虑和恐惧。正如受访者穿越所言："一个人活着的时候怎么知道天堂是什么样子呢？一个人死了就死了，什么都不知道了，怎么知道去了哪里？"对死的"未知"和"不确定"，无疑给视自己为世界主宰的现代人投放了一剂焦虑和忧惧的毒药。无论是中外哲学还是现代科学，均无法超越现世的此岸世界而通达死后或生前的彼岸世界（倘若有的话），未能揭开死亡充满不确定性的神秘面纱。世人对死亡不仅恭之如祖，敬之如神，敬畏之余又难免心生恐惧，喟然长叹：人生苦短矣！

禁止公开谈论死亡加剧了人们对死亡的恐惧。死亡通常很难成为公众话题，甚至谈论死亡会被看作一种"病态"，一种不正常的行为。死亡在传播领域的禁止必然减少了人们对死亡的认识，从而导致人在面对死亡时心神慌乱、不知所措而不是从容应对。人们对死亡讳莫如深，只字不提，对死亡采取否定、蒙蔽、规避的消极态度，甚至不可在语言中对死亡有所提及，一旦提及便将其看作不幸和灾难的象征。结果导致人们不能直接面对死亡，致使人们对死亡缺少认识和理解（张鹏，2007）。每每谈及这类话题，要么被直接中断——"别说这些消极的，不好的……晦气"（周梅），要么被间接转移——"过好每一天""向好的方面看"（方芳）。由于长时间对谈论死亡的压抑，自然的防御便成为一种习惯或一种文化。从对数字吉凶的态度不难看出人们对死亡的禁忌。数字"4"的谐音同"死"，代表不祥的征兆，导致楼房的第4层，带4的房间号、车牌号、手机号、座位号等均不受大众欢迎，尤其是"1414"（要死要死）、"9413"（九死一生）、粤语"240"（易死了）

在日常生活中几乎消失不见。文化上关于死亡的避讳和禁忌，暗含着人们对死亡的一种普遍的、弥漫性的害怕与恐惧。同理，"怕死"是不能在公众面前表现出来的。它自带污名效应，代表胆小、怯懦，与颂扬勇敢、无所畏惧的主流价值相悖。"贪生怕死"是对一个人极具人格侮辱性的辱骂和讽刺，对于老年人来说，在他人面前坦承自己"怕死"显然是需要勇气的，是要承担被讽刺、被"瞧不起"的风险的。"怕死"所承载的社会负性评价，压抑了人们对死亡的真实体验，阻止了人们的审慎思考，阻断了它在媒体传播的正常路径。当我们被"别想那么多，淡然处之，过好当下"这样的所谓"正能量"规劝淹没时，有效应对死亡的途径就被扼杀了。

从儒家"未知生焉知死"中可以看出，回避死亡、搁置死亡是中国人自古及今对待死亡问题一直采用的主要策略。压抑人们对死亡的思考，将死亡列为生活禁区，必然导致人们在面临死亡时惊恐不安、觳觫战栗。倘若我们客观正视死亡现象，尽早地在现实中思考死亡问题，将死亡作为一个课题纳入教育和研究领域，展开死亡大讨论，探索应对死亡的有效路径，或许能缓解这种对死亡的非理性恐惧。事实上，死亡并非老年人的"专属"，它可能发生在生命过程中的任何时刻，因此对死亡的早期教育必不可少。

四、生死难择

无论老年人对死亡有多么恐惧，但更多的是对眼下生存现状的无奈，此种"无奈"表现为对生与死的无奈。他们徘徊在生与死之间，不知是应该活着还是趁早解脱。生对老人尤其是高龄重病老人可能是一种煎熬。在他们看来，活着已完全丧失了"意义"。正如莎莎所言："现在每天的生活就是吃饭、睡觉、看电视、唠唠嗑……住在这里没什么意思了，该经历的已经经历了，没经历的也没有机会了。"即使心里有梦，无奈死期将至，此生已然定型。因为"丧失"了未来，他们转向当前，强调"混一天算一天"。受访者们常挂在嘴边的是"只能活一天算一天了"。这种得过且过的生活态度映射出老年人空虚的现状。"混"体现了他们对生的无望，生存毫无目的、毫无意义。

既然生丧失了意义，那么死是否可取呢？对不期而至的死亡，受访者表示心有不甘。高龄老人可能随时面临死亡的风险。"高龄"暗含着高水平、高概率的死亡风险，受访者莎莎说："这么大岁数了，说死就死了。"对于莎莎（95 岁）这样的高龄老人，生命犹如风中之烛，死神时刻伴随其左右。正如她自己所形容的："说不定哪天就爬不起来，就走了。"但是，另一方面，他们又不甘心就此离去。对于目前在世的不足百岁的老年人来说，他们的前半辈子几乎都是在水深火热中度过的，要么是天灾要么是人祸（如战争、自然灾害等），一生中最宝贵的中青年时期绝大多数都碌碌无为。改革开放之后，中国社会逐步趋于稳定，日益繁荣，这与老年人亲身经历的灾害与贫苦、战争等形成了鲜明的对比。受访者泉水说，是"一天一地的感觉"。过去经常"吃不饱肚子"，维持最基本的生存条件都不易，而生活在物产丰富、无所不有的现代社会，老年人自然赞叹如今的美好生活。遗憾的是，当今的老年人由于身心的退化无法尽情享受现代生活的美好，莎莎说："现在好吃的多，又不想吃。"这样的矛盾话语，表现出老年人对生命的留恋和对死亡的担忧。泉水说："现在日子这么好，谁愿意老，愿意死啊？"反问的语气更加凸显了人们急欲延长寿命以补今生之憾的强烈诉求。他们在自身经历的强烈对比中慨叹年华已逝，享受今之福乐已时日无多，体验到深深的遗憾和无奈。

死亡是否可取还有另外一种回应，即自己的死亡意味着将痛苦留给了活着的家人。正如穿越所说："死由不得我啊，生死由天……自己死了是好了，痛苦就留给了老伴，留给了子女。"为摆脱生之痛苦而选择离世，对于个人而言虽无可厚非，但对家人无疑是一种令人绝望的、不可弥补的伤害。这样的自杀者常被人们谴责为不负责任的自私者，因为他的死亡必然令其家人自责、愧疚。这就是为什么有些老年人即便活着"毫无意义"也不会选择死亡的原因，他们为保全他人、家族的体面宁愿"混吃等死"。受访者莎莎讲述了她姨父的悲剧：

> 我姨父得了腰结石，痛得厉害，很痛苦，病一犯他就像小孩一样在地上打滚，家人看到就说他不"打蛮"，耐不住痛，动不动就像小孩一样，就要我姨妈像哄小孩一样哄着他。有一次我姨妈看到他躺在地上就没有理他，然后他就跑到旧房子里上吊了。死了之后家人都没有告丧，说是影响不好。我姨妈说，几个孩子都这么有出息，本来应该很有面子的，但他这样走影响很不好，说起来真的是很丢人的事情，丢了孩子的面子。所以人不能这样走，要自然老死才体面。

在病痛与家人厌弃的双重折磨下，这个老年人断然选择了自杀。在他看来，离去是对自己也是对家人的解脱。但在家人看来，他的自杀行为给孩子们造成了不可挽回的影响，是对孩子不孝的一种证实。孩子也因父亲的逝去失去尽孝的机会，徒留悔恨、内疚、自责。受访者莎莎从中看到自己活着的意义——"为（她的）三个姑娘活着"。遗憾的是，这样的意义却往往被人忽视或遭到蔑视。实际上，老年人对生死两难的无奈，应该是对这种生活的意义不受重视、不被认可的无奈。活着丧失意义，死亡又有愧于家人或者担心受到上帝或先人的惩罚，于是他们就只能"活一天算一天"，终日无所事事、郁郁寡欢，"等死"便成为老年生活的一种常态。

尽管生死"由不得自己"，但受访者也表达了对"好"的死法以及死后不劳累后代的愿望。简单地说，"好"的死法就是"死得快"，红玫说："巴不得像人家心脏病（发作）一样走。"永军也说："最好的死法是被泥石流冲入大海，一两秒钟，很快，跟我妹妹一样一点痛苦都没有。要是我们两口子一起是最好不过了。不要安葬费，不要后代清明节上坟。"可见，"好"的死法令死者不受躯体疼痛之苦，更重要的是不劳烦后代。受访者永军深有感触：

> 人死之后毫无牵挂，走了之后什么事都不操心了，留下一大堆问题给活着的人来忙。我一个亲戚 50 多岁就去世了，留下两个小孩，生活、学习都是我去忙。小孩找学校、找工作都很困难，因为没父母了。为了小孩的工作，我低三下四地去求人……（抽泣）他们自己的父母可能都做不到，孩子要生存，没办法。

为此，永军将一切后事都事先处理妥当，还嘱咐孩子将自己的骨灰撒往长江，因为这样就"不劳累后代，不用他们来扫墓"。在这里，我们再一次领略到这一代人所秉持的"要有所贡献，不拖累他人"的价值倾向。

老年人的老年心理集中表现在拒老、服老、怯老、终老四个方面。老年初期老化征明显增加，但老年人以"不老之心"抵抗生理性老化；随着年纪增大，老年人屈服于生理性老化对老年心理的决定作用，逐渐认可自己作为"落伍者"和退休者的老年身份；伴随着各种老年病的常态化，老年人对因失能加剧发展成为社会的"累赘"和儿女的"负担"感到担忧；继而受"老之不死是为贼"的传统观念影响，老年人在恐惧和无奈中向人生告别。那么，这些老年心理现实应如何建构呢？本书分别从年龄与时间、生理决定论、老年价值和各类建构者出发详细分析老年心理的社会建构过程。

第二章 肇始之源：时间、年龄、老化

老化显然是增龄过程中的老化。从人的整个生命历程来看，老化是年龄增长的结果，往往等同于（老年阶段的）增龄过程。在学术研究中，年龄通常作为解释生理与心理差异的一个重要变量，被称为指示人身心发展状况的"晴雨表"。以年龄判定一个人是否进入老年、开始老化是我们惯用的方法。"年龄越大人就越老"这几乎是毋庸置疑的常识。年龄逐渐演变为衰老的一个象征符号。

年龄作为时间的计量，与现代时间观一脉相承。本章首先阐述了现代时间与年龄的关系，然后分析了年龄与老化的关系，接着再讨论年龄如何塑造老年人的心理与行为，最后提出通向积极老龄化的方法和途径。

第一节　现代时间与线性年龄、老化

一、现代时间观：直线矢量时间观

时间是现代心理学的一个重要研究领域。时间心理学是研究人脑对客观事件的持续性与顺序性反映的科学（李祚山，尹华站，2004）。无论是时间知觉与意识的研究还是时间认知的脑机制研究，甚至时间的人格研究（黄希庭，张志杰，凤四海 等，2005），均以承认"时间为外在于心的客观存在"这一假设为前提，以追求对时间反映的客观性、精确性、规律性和科学性为目的。对时间的定义尽管数不胜数，唯有这一"科学"的定义才被人们普遍认可：时间同空间维度一样是万物存在的基本形式，其内涵是无尽（无始无终）永前（增量总为正数），本质是对宇宙事件发生之次序和发生过程之长短的计量。这种视时间为匀速向前发展的直线矢量时间观被认为是对时间的唯一正确反映。

无论是在世俗生活还是学术研究中，"时间呈线性增长"都被看作不证自明、显而易见的客观"现实"。直线矢量时间观在现代社会很容易为人们所理解和认同。借助钟表计时，人们似乎体验到了时间呈直线均匀地流逝、不可止息、永远向前、一去不复返的奔流状态，这些似乎都是毋庸置疑的"事实"。关于时间的心理学研究，首先假设在人们生存世界之外存在一种自在、现成的即无始无终均匀向前流逝的时间之流，在此基础上再来探讨时间的长短、构成（过去、现在、未来）、计量（钟点、时数），并以研究得出的结果来分析、理解和管控日常生活（陶琳，2010）。欣里希森（Hinrichs，1970）曾指出，时间的本质形式是线性的，事件则以直线的形式存储于人的记忆中。传送带理论认为，记忆中所组织的事件表征是以各事件发生的先后顺序来贮存的，判断两个事件之间的距离就是估计它们在记忆库中与现在的距离，距离越远，事件发生的时间越早（李祚山，尹华站，2004）。马勒茨克（2002：52）归纳了直线矢量时间的特征，包括：线性、单一性（时间流逝的过程永远是相同的）、不可回转性（逝去的就逝去了）、连续性和因果性（以前的决定后来的）、方向性、同步性（社会行为的所有范围应适于同样的时间）、积累性（在时间流逝过程中随着时间的推移积累的事物越来越多）。

直线矢量时间观在现代社会获得了唯一合法性，成为现代主流时间观。凭借自然科学的权威地位和计时科技的日臻完善，时间的自然物理特性被镌刻进人们的日常生活与意识中，以致人们感觉到包括生命在内的一切似乎都被严格限制在时间之内；计时技术利用物体匀速运动的特点，使时间直观地呈现出其特性——"自在均匀地流逝"，从而在现代社会生活中创造了时间的权威——准时和公平。"直线""矢量""累增"是现代人对时间最普遍、最通俗的理解（汪天文，2004a）。但是，像巴门尼德、芝诺、笛卡尔、贝克莱、休谟等视时间为主观、内秉且依赖于意识的主观时间观，以及像柏拉图、亚里士多德、胡塞尔、海德格尔、马赫等主张的多维或分维的多元时间观，人们似乎都不太了解。人们对古印度的循环时间观和中国古代"天地人合一"的实践时间观，潜意识地为其贴上"非科学"的标签，将之驱逐至宗教领域，或将之忽略、遗忘。直线矢量时间观的缘起和盛行与特定社会历史文化不无关系。随后，这种直线矢量时间观被启蒙进步主义承继下来，依托以科学、技术、生产和交换为核心的现代化生产方式和世界化的市场普世化为现代社会的主流时间观。

现代时间是无休止地追求"未来"、否定"现在"、遗忘"过去"的高速直线矢量时间。我们强调并被不断告知，作为一个现代人首先要拥有一个未来（有前途），才有理性筹划，才能振奋前赴，才会永不停滞地追求新生事物（王传松，1992；尤西林，2003）。西方国家如此，中国亦如此。迄至甲午大败，绵延数千年的古代实践时间观经严复译《天演论》和康有为提"三世说"之后被逐渐改造为呈直线的进步的时间观（尤西林，2003）。五四运动以来提及的"新""未来""世界潮流"等高频流行词汇，胡风于新中国成立时创作的诗《时间开始了》，毛泽东时代"天地转，光阴迫，一万年太久，只争朝夕"的革命运动和"超英赶美的大跃进"，改革开放时期宣传富兰克林"时间就是金钱，效率就是生命"的至理名言……无一例外都体现了贯穿于现代国人生活中压倒一切的、处于支配地位的现代主义激进式直线矢量时间观。这种时间观符合工业社会对速度、效率的强调与需求（吴国璋，1996）。

二、现代时间对年龄的形塑：线性增龄

生命时间不可避免地受到直线矢量时间观的影响。生命时间常以年龄表示，指个体从出生到死亡的这段时间长度（包蕾萍，2005）。普利高津对时间的界定是："所谓时间就是潜藏于有机生命和人类社会演化过程之内的一种不可逆的性质，时间问题可还原为生命问题……时间是息息变化、不可分割、反复连续的生命之流。"（汪天文，2007）海德格尔也曾言："时间的内容即为生命体验和死亡意识本身……时间在生命之中，是生命之展现，是'此在'之背景。"（海德格尔，1999：284，463）时间可能仅对在世之人有特定的价值，于死者或未出生者可能毫无意义。从这个角度讲，时间就是人的生命时间。直线矢量时间观对时间的客观化使人们将物理学意义上的钟表时间当作生命时间（汪天文，2004b；李宏伟，2013）。钟表时间具有绝对的等质性、数量性和平面性，只能描绘被排列、被空间化了的时间，是被宰割了的、静止的时间（余治平，2002）。直线矢量时间的科学研究带有描述的空间化倾向、理解的数学化倾向、概念的非人性化倾向和测量的实在化倾向（汪

天文，2007）。最终结果是，时间（包括生命时间）被机械化、空间化、线性化和标准化。时间被置于一条直线上，一头回溯到过去，一头无限延伸至未来，时间只是前点与后点之间的一段光阴（杨岗营，张斌峰，姜文化，2007）。同样地，"生命时间"就是出生点到死亡点的一段距离。所以，时间即生命，是人之生命的象征，成为人存活在世上的见证。

依照直线矢量时间观的逻辑，年龄作为衡量动植物（本文特指人类）生命时间的计量，理所当然地朝着一个方向呈直线匀速增长。以朝着累加的方向直线匀速行进的年龄，我们称为线性增龄——年龄只增不减，朝着生命终结方向匀速前行延伸。直线矢量时间是生命存在的基本范畴（汪天文，2007）。年龄作为个体在世存活时间的计量，同生命时间一样，始于人出生或精卵相遇之时，终于人死亡之日。每一个体的年龄区间总在一定限度之内，或长或短。普利高津视生命过程为一个呈现出定向的时间特性的自组织现象（汪天文，2007）。个体从性细胞成熟，到卵受精，到胚胎发育，启动了非周期性的线性生命时间，然后经出生、成长、老化、死亡，完成一个不可逆转的生命过程。年龄心理学（即发展心理学）也在承认单向的、有序的、不可逆转的年龄发展的前提下，展开对年龄的规律、结构、转折、轨迹等方面的研究（马尔柯娃，1990）。生物医学家致力于研发让细胞恢复活力的药物以便人体"长生不老"，老年学家试图探讨人体老化的原因、机制和规律以寻求延缓老化的灵丹妙药，心理学家则渴望通过各种思维或智力训练来推迟老化的来临等。这些实践无一不反映了对线性增龄这一假设前提的认可。

正如直线矢量时间观是对时间的客观反映一样，线性增龄观则是对生命时间的客观反映。年龄作为生命的象征，始由呱呱坠地，续至青春年华，至耄耋之年，这似乎是无法抗拒的生命规律。"年龄从人出生就开始增长……这是毋庸置疑的。""年复一年，日复一日，这就是我们的人生。"这些日常的体验和认知的确真真切切，不可质疑。在以反映论为主流认识论的现代文化，作为生命时间之客观反映的线性增龄观很容易为人们所理解、所接受、所认可。直线矢量时间观是建立在反映论的基础之上的，复制了直线矢量时间观的线性增龄观，显然也继承了反映论传统，被认为是对生命时间的客观反映。这种客观反映意味着"唯一""正确"的反映，为线性增龄观的合法化、世俗化和普世化清除了障碍。线性增龄观是以反映论为基础的科学研究范式建构的结果。该范式遵循某一标准，将人们的体验从丰富的日常情境中抽离出来，筛选出能够佐证"增龄为客观'真理'"这一假设的数据材料，从而推论出"年龄呈直线增长"这一结论；同时，它又通过媒体和教育等传播媒介将此结论推广至世俗层面，辅之以相关的法律、政策、制度给人们施加影响，让人们"确实"体验到年龄在生命进程中呈匀速累加的方式前行。然而，这些"确实"的体验正是科学研究的假设、数据、解释和结论的来源。在这个"循环怪圈"里，学术研究者得出"年龄呈直线累加"的结论，人们体验到"年龄之流不可逆转地、均匀地流向死亡终点"就不足为奇了。

线性增龄的客观性塑造了人的生命发展轨迹。视年龄为客观存在，将年龄增进的社会化过程自然化、生物化和客观化，为年龄用作约束社会成员的工具提供了合法化基础，又通过社会化过程将年龄对人们的规制潜移默化地融入人们的意识和日常生活中，造成"人人难逃年龄规律制约"的假象，成功地隐去了其背后承载的机构和组织的动机和价值。奥林斯基（1985）曾指出，增龄过程对每个社会成员都具有特殊的命定性。在社会学中，生命周期形成的年龄分级序列设定了"标准时间表""年龄层生命模式"等共同体鉴定合格成员的标准。在发展心理学中，线性增龄的不可逆与心理发展的不可逆相对应，年龄化身为各项身心指标发生与发展标准的"时间指针"（马尔柯娃，1990）。在世俗生活中，年龄增长常常被描述为必然的、客观的、不可逆的、不以人的意志为转移的客观规律，任何人都要经历从受精卵到分娩，经发育成长到老化至死的必经过程。

三、现代时间对生命历程的规约：循阶演进式生命历程

循阶演进式生命历程（progres sivestagewise life course）是指沿着某一阶段序列朝着高级、复杂方向发展的生命历程（Holstein & Gubrium，2000：x），是发展心理学主流的心理发展模式。从某种程度上说，整个发展心理学描绘的就是循阶演进式生命历程。这种生命历程假设人的心理发展表现出一致稳定的年龄特征。它根据生命历程中发生的主导生活事件和主导活动，包括生理发育水平以及智力、人格、语言发展水平，以年龄为线索将生命全程划分为八个阶段：精卵结合到出生为胎儿期、0～3岁为婴儿期、3～7岁为幼儿期、7～12岁为童年期、12～18岁为青少年期、18～35岁为成人前期、35～60岁为成人中期、60岁到死亡为成人晚期即老年期八个阶段（林崇德，2002：13-16）。此八个阶段构成人的生命全程，它们以年龄为标志形成的固定次序即为个体生命发展的路径。

循阶演进式生命历程是发展心理学中典型的心理阶段理论（stage theory），其哲学基础是对人的花朵隐喻，即有机论。不同于机械论视人为一台输入输出的机器，认为人的发展（输出）主要由外界环境（输入）塑造，有机论强调基因对个体发展的根本性作用，认为基因预先设定了人的发展方向和阶段。在有机论基础上发展出的阶段理论是发展心理学的传统发展理论，相比差异理论（differential approach）和自比理论（ipsative approach），它的理论体系最为成熟完善（桑标，1997）。阶段理论认为人的心理发展经历了机体组织的一系列质的不同阶段或水平。它着眼于探讨心理发展的共性，强调固定有序的质的阶段变化，力图描述每一阶段的结构特征和揭示心理在这些阶段的生成与发展机制。阶段划分的根本依据是心理的质的结构差异。在每一阶段，心理具有质

的不同的结构或组织，表现出有别于其他阶段的本质性结构特征。按照不同的标准划分不同的阶段，衍生出不同的心理发展阶段论，如弗洛伊德的性心理发展阶段论、埃里克森的人格发展阶段论等。这些阶段理论虽存在差异，但却表现出一定程度的相似性：依照某一种或某些标准将人的生命历程划分为若干阶段；阶段之间有质的明显的界限；存有固定的阶段序列，所有阶段循着年龄由低级到高级、由简单到复杂的固定顺序依次排列；人的心理也依照此序列依次演进，演进过程包括轨迹、转折点、延续时长三个要素（包蕾萍，2005）。

循阶演进式生命历程是以年龄为基础的生命历程。实际上，没有脱离年龄的生命历程研究，也没有生命历程缺席的年龄研究。对生命历程的研究常常可等同于对年龄的研究。例如，生活史的研究注重生命历程中活动与事件的年代表、年龄事件矩阵和回顾性生命日历，生命周期理论聚焦于个体成熟过程以年龄为线索的周期性演进，毕生发展理论侧重于生命事件发生的时间序列特别是阶段性的年龄特征，生命历程理论关注年龄在个体、社会、历史之间的联结作用（如年龄层级、同期群更替）（江立华，袁校卫，2014）。日常生活中，我们常常将年龄增长过程等同于生命历程，将二者当作同义词使用。霍尔斯坦和古布里姆（Holstein & Gubrium，2000：ix）曾指出，个体对生命历程的感知实际上是对年龄的认识和体验。就循阶演进式生命历程而言，年龄（或生命时间）的客观存在和呈直线矢量增长的特征是生命阶段划分的前提条件。"阶段"是按照某一标准对增龄这一矢量线段划分出的阶段，每一阶段与其他阶段具有质的区别；阶段之间按照低级到高级的次序即岁数由小到大的次序排列，"演进"便是沿着这一次序的演进；所有阶段长度的累加之和等于人在世存活的总时长。显然，循阶演进式生命历程是在线性增龄基础上建立的一种生命历程。

既然线性增龄是唯一正确的客观的年龄发展路径，那么以其为基础建立的循阶演进式生命历程也是"正确的""客观的"，是对客观事实的反映。这为循阶演进式生命历程的客观化和合法化奠定了基础。循阶演进式生命历程常被当作一种"理所当然的"存在。每每问及"何为人生"，大多数人的回答是："由出生到婴幼年、童年、青年，经壮年、老年到死亡。"这些耳熟能详的生命阶段，我们习以为常地视为客观存在，将其看作"毋庸置疑"的"事实"。生理学家、心理学家、社会学家等都习惯性地视循阶演进式生命历程为我们任何一个人都必然经历的真实的体验过程。"顺序性与阶段性"被发展心理学视为心理发展的基本特征。马尔柯娃（1990）曾指出，（循阶演进式生命历程的）年龄阶段即生命发展阶段，标志着具有规律性的生理与心理变化总和，与个体差异无关。奥林斯基（1985）也赞成将生命时间划分为童年、成年和老年等生命阶段是对个体生命历程的客观描述。循阶演进式生命历程的客观化与其基础——线性增龄观不无关系。线性增龄观承认生命时间为客观存在，那么循阶演进式生命历程对生命时间的划分就有了客观基础。人的整个生命历程及其在生命阶段之间的演进，均寓于在生命时间即线性增龄的过程中，必然受到线性增龄这一客观规律的影响。例如，年龄呈直线矢量增长限定了所有生命阶段均由低到高依次排列，且生命阶段之间的更替不可逆，必是由生之始点趋向死之终点。这种不可抗拒的、不可逆转的、不可恢复的、必然发生的线性增龄塑造了客观的循阶演进式生命历程。从这一角度讲，线性、循阶的生命历程是线性增龄的产物（Holstein & Gubrium，2000：34）。另外，循阶演进式生命历程是研究者经系统地观察、描述、解释和通过系统的科学方法（如实验、测量）所获得的、一般的、具有普适性的、可靠的结果（Holstein & Gubrium，2000：1）。如此，视循阶演进式生命历程为唯一正确的生命历程就有了客观实证依据。

四、老化作为循阶演进式生命历程的产物

老化同个体发育、成长和成熟一样，常常被看作有机体伴随年龄增长必然发生的自然规律。生物学、老年学、老年医学、心理学等学科一致认为，老化是个体生命发展中不可逆的过程，具有普遍性、内在性、进行性和有害性（林崇德，2002：528-529；李宗派，2007）。蒂米拉斯（Timiras，1984）曾认为："老化这个由强变弱的过程必然导致机体功能障碍以及个体最终死亡。"

线性增龄和循阶演进式生命历程的客观必然性决定了老化为客观必然。老年期作为循阶演进式生命历程的最后一个阶段，自然也是客观的，是不可避免的，无人能逃避的。老化是老年期的典型特征和本质特征，不为其他生命阶段所有，为老年阶段独有。这是划分老年阶段的基本依据。老化是老年阶段成为独立生命阶段的依据，意味着大多数人（统计学意义上95%）步入老年期后随即出现老化特征。这种客观必然的老化被称为不可逆的减量模式，视老化为一种无情的身心减损过程（乐国安，王恩界，2004）。进入老年期，老年人也确实体验到名为"老化"的种种变化，如出现驼背、皱纹，行动变得缓慢，牙齿脱落，毛发变白等。老年学、生理学等学科将老化特征归纳为新陈代谢放缓、免疫力下降、器官机能衰退、毛发花白、老年斑显现、行动迟缓六个方面，这六个方面的生理指标即为人体老化度，用于测量机体老化的程度（朱志明，庄永发，周祖华，2004）。老化一旦附着在生理的或物理的躯体上，就好像被罩上了客观性的"光环"。另外，循阶演进式生命历程将年龄作为生命阶段的分界线，将线性增龄的客观性绑定至老化过程，使人们更加笃信老化的客观性与必然性。

老化必然是增龄中的老化，是受年龄约束的老化。对于老化的原因，生物学认为"因"在于机体内基因或器官的功能衰竭，社会学将其归因

于社会机制运作或文化变迁，心理学认为它是个体适应的结果，无论是"衰竭""运作"与"变迁"还是"适应"总是处在个体的生命时间之中，与个体的增龄过程联系在一起。从老化的定义也可以看出，老化与年龄总是如影相随，老化必然发生在一定的时序区间内（陈运星，2012）。个体步入老年开始老化，首先表明个体经历了一段相对漫长的物理时间（黄哲，2012）。当问及"人因为什么老化时"，大多数老人的回答是"岁数大了，自然就老了"，因为年龄指示着身心机能衰退的程度。这些与年龄高度相关的身心变化，什尔（Schaie，1986）称为常规性年龄变化，是影响个体老化的主要因素之一。尽管生物学、社会学、心理学都对老化的原因进行了专业解释，但将老化归因于年龄增长的结果似乎最容易为普通人所理解。人同世界万物一样均处于时间进程之中，无不受着时间运动路径的规制，由出生、成长与壮大、老化组成的倒 U 形曲线描绘了一切生命的运动轨迹。我们可以观察到一些寿命较短的生物呈现出倒 U 形曲线的一生。有一种菌类早上出生，上午成长，中午达到生命的巅峰，下午逐渐衰弱，入夜则死亡。周围年长者的一生也启示我们，任何人的一生都是倒 U 形的生命轨迹。此倒 U 形的生命历程呈单向、不可逆的线性运行，显然是受线性增龄规制的生命历程。其中，视老化为从倒 U 形的顶点至生命结束这一段呈下降趋势的曲线，与人们对老年的形容"走下坡路了""午后的太阳不再火辣"颇有异曲同工之妙。人步入老年后开始老化，老化程度随年龄增长不断加深直至个体生命终结，这一进程同线性增龄一样单向、不可逆、客观、必然。

第二节　年龄对老化的判定与标识

一、年龄是阐释老化的一个法门

年龄不仅是老化进程的时间维度，更是阐释和理解老化的一个重要切入点。西方关于老化和老年人的人类学研究实际上是对年龄的研究。他们将年龄因素视为一个相对独立的变量，研究它与性别、亲属制度、政治经济的复杂关系（杨晋涛，2003）。苏联将发展心理学称为年龄心理学。马尔柯娃（1990）曾断言："整部发展心理学就是一门研究个体心理发展（包括老年心理）的年龄特征的学科。"老年期是按照年龄标准划分出的一个生命阶段，老化作为老年期的特征或现象自然与年龄密不可分：老年阶段与其他生命阶段的分界年龄标明了个体获得老年身份、开始老化的岁数；人们通常用"年纪大了"形容个体的老化程度，增龄过程常被等同于老化过程，年龄与老化之间可能存在某种特定关系；老年人群是以年龄为标准分类的一个集群，其心理和行为自然受到年龄的规制。就 60 岁而言，它不只是标明个体在世存活时长的数字符号，还具有特定的社会意义，深深地影响着人们的心理和行为。

年龄对老年人群具有特殊的意义。格莱特（Gullette，2004：95，192）形象地称年龄为老年人的一个"新的温柔恶魔"（a nice new devil）。相比其他年龄人群，年龄对老年人的影响更大。怀特伯尼和柯林斯（Whitbourne & Collins，1998）对比了年轻人与中老年人的未来可能自我（futurepossibleself）（Markus & Nurius，1986），结果发现，中老年人的可能自我更多地与年龄相关，因为他们习惯将老化归因于年龄的增长；而年轻人的可能自我较少涉及年龄，因为他们即使体验到老化（如视力下降）也不会归因于年龄增长。研究者对此解释为：中老年人对自身存在一种成见，认为年龄增长带来的变化（衰老）决定并构成了老年自我的全部。另外，对老年人主观年龄和年龄认同的研究（Westerhof，2008）也说明了老年人对年龄的高度敏感性：老年人往往隐藏自己的（客观）年龄，表现出对小年龄（小于被试客观年龄）的偏好，因为小年龄代表较好的身心状况。另一方面，老年人对小年龄的认同也反映了社会"重少轻老""扬青贬老"的价值倾向。

二、年龄用作对老化的判定

老化既然是年龄增长的必然结果，那么它始于何时呢？对此问题的回答形成了两种颇具争论的观点：一种是"老化始于老年期"，这是循阶演进式生命历程区分老年阶段的根本依据；另一种是"人一出生就开始老化"，这种观点即为全程老化观。为了与全程老化观相区别、相对应，我们将前一种老化观称为"老年老化观"。全程老化观主张生命历程是一个渐变过程，中年到老年的过渡不存在明显界线；强调老化是不证自明的；人从出生就开始老化，老化伴随人的一生，正如阿纳托尔·弗朗斯的观点："我们出生时就开始老了。"持全程老化观的研究者对老年老化观提出了不少批评，认为"老化仅仅是老年人的问题"是一种错误的观点：老化是成人的既定事实，对于孩子而言就是胡扯，我们"年轻"时可以忽略不计较。实际上，诸多生理指标（如运动系统）在30岁前后就会出现早衰特征，许多成年后出现的疾病和残疾其实在早年就埋下了伏笔（Timiras，1984）。正如戈斯登（1999: ix）对老化的描述："老化并不是一道迟迟未上的、不可口的晚餐，它从来没有远离过我们。"国内研究者杨晋涛（2011: 13）也主张："老化并不是到了一定年龄才显现的问题，而是一个'从生至死'的过程。"面对种种批评，赞成老年老化观的研究者罗列了一系列个体从中年过渡到老年或进入老年后涌现的各种老化特征，例如力量衰减、记忆力减退、耳不聪目不明、老年慢性病等。也有人说，尽管老化特征在各个生命阶段均有可能出现，但只有在老年期出现才属常态，否则即为病态。例如我们耳熟能详的"老化症""早衰现象"（正名，1986）。当然，也有不少人承认在老年期之前身体的确会出现某些老化信号，也不否认全程老化观在缓解老年刻板印象、老年歧视、消极老化态度，模糊、消解老年人群与其他年龄人群的年龄界限，改变老化观念等方面具有一定的积极意义。但是，全程老化观毕竟动摇了循阶演进式生命历程对老年阶段的划分。从这个意义上讲，全程老化观可能是对循阶演进式生命历程划分老年阶段的一种否定。以一种观念否定另一种观念的做法虽然很常见，但并不是上上之策。世俗生活中也没有人愿意承认自己在生命早期就已然老化不堪，因为老化已被建构成为一种极具消极意义的变化。目前流行的一些做法如科学研究者致力于延缓老化速度，爱美女性竭力使用化妆品掩饰老化症状便是例证。全程老化观与老年老化观之间的争论一直在持续，但老年老化观在学术领域和世俗层面仍然占据优势地位。

年龄不仅成为日常生活中判定老化最普遍、最通俗的标准，也是学术研究中采用的最为一致的老化判定标准。心理学中所有冠名为"老年人"的研究并没有对"什么是'老年人'"作出明确界定，几乎无一例外地采用年龄（如55岁、60岁、65岁或70岁）作为开始老化或界定老年人群的标准。哈藏（Hazan，1994：16）曾指出，以年龄作为老化的决定性标志，既是正式的官方定义，也是最普遍的通用标准。"人到60岁或65岁进入老年，开始老化"似乎是无须辩驳、不言而喻的常识。最早以年龄作为判定老化标准的是1889年德国颁布的《老年、残疾及死亡救济》，该文件把65岁作为公民获取救济金的时间界限。第二次世界大战后，由于迫切需要认识人口老龄化造成的社会经济影响并制定相应对策，联合国委托法国人口学家撰写了《人口老龄化及其社会经济影响》一书（1956年出版），书中规定65岁为老年和老化的起始年龄。

这一标准在西方多数发达国家一直沿用至今。我国古代曾将 50 岁作为老年人群的划分标准。《礼记·曲礼上》记载："五十曰艾。"郑玄注："艾，老也。"《汉语大字典》解释"老"为 50～70 岁的高龄。《说文·老部》："老，考也。七十曰老。"我国现阶段以 60 岁作为划分老年人的通用标准。

判定老化的年龄标准逐渐取代世代标准，成为现代社会法律化的一项制度，对人们的影响越来越大。杨晋涛（2003）曾指出，年龄和世代是考察特定文化如何界定老化的两个基本切入点。我国古代曾以"第三代出生"作为人开始老化的标志，"当他（她）被称呼为爷爷（奶奶）时就算是老人了"（刘洋，2008）。现在不少农村地区还沿用这种具有乡土特色的老化定义。这种界定老化的标准即为"世代标准"。随着封建体制的瓦解和现代化进程加速，年龄联结制（age-linked）逐渐取代家庭联结制（family-linked）成为社会系统的一个主要制度（杨晋涛，2003）。这种变化体现在对生命历程的文化定义上则是年龄标准（以年龄界定老化）日益取代世代标准（杨晋涛，2003）。以年龄定义老化，意味着老化与血缘关系逐渐脱离，更多地与非血缘关系的文化要素和工资劳动、退休金制度、公民权利等现代国家政治经济因素相联系。随着年龄在政治法律意义上被制度化（杨晋涛，2003），它已成为现代社会系统中一个不可或缺的成分，并给人们施加越来越大的影响。这种影响通过制度化渗透到文化和生活的各个方面，进而被人们视为"理所当然"。同样地，被年龄界定的老化也一同被视为"理所当然"，影响着老年人的心理与行为。

三、年龄对老化的标识

年龄标识即年龄对老化的标识，是指以年龄作为对老化起点、程度及发展趋势的标志。在日常生活中，我们常常根据人的年龄来推测他／她的容貌、形态、神情、心理。通过一个人的岁数，我们能够轻易获取他／她的身份，如豆蔻、及笄、弱冠、而立、知命、花甲、古稀等，甚至还能列举他／她的一些外貌特征。一个花甲老人常常朱颜鹤发、老当益壮，一个耄耋老人可能鹤发鸡皮、蓬头历齿，一个期颐老人往往老态龙钟、鬓丝禅榻。马尔柯娃（1990）曾说："年龄标志着有规律的生理和心理变化总和。"人随着年龄增长逐步成长、强壮而后衰弱、入土，年岁这个由数字组成的序列和其所包含的社会事件便构成了人的一生。对于处在人生尾端——老年期的人来说，年岁的攀高意味着整个身心功能在逐渐走向衰弱、退化，正如俗语形容的"走下坡路了""太阳落山了"。换言之，特定年龄对应特定的老化程度，例如耄耋老人的老化程度通常高于花甲老人，期颐老人往往高于耄耋老人。

年龄对老化的标识首先体现在以60岁或65岁作为老化的代表性年龄。年龄作为对生命时间的计量用于标识人的出生、成长、老化和死亡，我们再熟悉不过了。相对于出生和死亡事件发生的时间，成长和老化开始的年龄要模糊得多。就后两者而言，确定"何时开始老化"似乎更为棘手，因为很难找到精准明确的特定生理基础来确定老化的起始时间，它不像青春期（成长）一样有明确的生理现象作为年龄分类的基础（杜鹏，伍小兰，2008）。然而，发展心理学对将多少岁的人称为儿童、青少年和青年仍存在较大争议，但将年龄为60岁或65岁的人划入老年人群这一标准却达成了较为一致的结论（林崇德，2003：15）。在缺乏生物学标准来确定老化开始时间的情况下，社会科学家已然接受以年龄60岁或65岁作为老化的起始标志（Timiras，1984）。自1978年以来，我国的经济、职业、福利、保险、公共卫生等政策均以60岁作为老年与中年的界线（即老化的起始年龄）。最近几年，推迟老化年龄标准（如推迟到70岁或75岁）已成为现实。尽管如此，以某一具体年龄（60岁也好，70岁也罢）作为老化的起始标志仍然是毋庸置疑的，且早已被科学研究成果、法规政策和常识所固化。"年龄"之所以被选中作为标准，是因为它既不像老化的自我界定（self-definition）极具个性化，只适合于个人；又不像老化的社会界定（sociallyconstructed）颇有特色，它只适合一定范围的人群（Hazan, 1994: 16）；也不像老化的科学界定以某种客观、统一的生理学指标（如人体老化度）作为标准；更不像老化的综合性界定以烦琐复杂的、大杂烩式的特征群作为标准（朱志明，庄永发，周祖华，2004）。年龄独具简便、易计算、易理解以及跨文化一致性、单向性、必然性、客观性等优点，使其成为老化起始标志的最佳之选。

其次，年龄对老化的标识还体现在年龄大小与老化程度的高低构成系列对应。用统计学术语来说，就是两个系列呈正相关，年龄越大，老化程度越高。埃伦·兰格尔（Langer, 2009: 6）曾提及："不知道你的年龄，我怎么知道你有多老。"发展心理学正是致力于研究生命全程心理发展的年龄特征与年龄规律的一门学科，其研究内容可概括为认知发展（感知觉、记忆、思维等）和社会性发展（兴趣、动机、自我意识、人格等）的年龄特征，其目的在于探索心理发展的、具有普适性的年龄规律（林崇德，2003: 5）。自 1882 年发展心理学诞生以来，对年龄的研究文献可谓汗牛充栋，有关老年、老化的研究可谓硕果累累、不可胜数。这里仅举数例如下：90 岁的人的脑细胞仅有中青年的 70%，60 岁时的肺泡量由 20 岁时的 70% 下降至 50%（林崇德，2003: 6）；智力在 20 岁达到顶峰，35 ~ 40 岁缓慢下降，60 岁后衰退加速，80 岁后急剧衰退（Kaufman & Horn, 1996）；认知功能随年岁增加呈几何级速度衰减（李德明，陈天勇，2006）；老年人的创造性随增龄而降低（Zhang & Niu, 2013）；情绪调节能力中的分离重评（detachedre Appraisal）能力随年龄增长呈下降趋势（Shiota & Levenson, 2009）等。增龄与老化的同步不仅限于某些具体方面，老化的平均（或整体）趋势同样与增龄过程吻合。正因为二者的同步性，年龄对老化的意义才如此重要。两个过程几乎合体，"增龄等同于老化"。人们习惯用"年纪大了"形容老化就是一个典型例子。实际上，"增龄 = 老化"这个等式对我们的日常生活的确很有现实意义。例如，根据普适性老化的年龄特征与规律，只需给定年龄，就可判断出对方的老化程度，进而作出恰当的互动行为。也可根据年龄预测自己在未来某一时间点（或时间段）的老化程度，设定自我老化的路径。

第三，由于增龄与老化过程同步，年龄进一步预设了老化的走向和趋势。在发展心理学中，生理功能和多数心理活动的年龄发展规律在生命全程大致呈倒 U 形，在老年阶段则呈现不同斜率的直线下降或不同曲率的曲线下降。即老化伴随年龄增长不断加剧，直至个体生命终结。年长通常意味着无用、衰竭、死亡。年龄预设了老化发展的方向，"增龄必致老化"，由此年龄与老化的意义被彻底绑定。增龄与老化同义，在方便人们日常生活与人际交往的同时，不可避免地强化、固化了人们对老化客观性的坚持。由于年龄与老化的绑定，增龄和时光流逝的必然性被泛化至人的老化过程，以至于人们下意识地将老化归因于年龄增长。例如，健康恶化（Kim，2007）、工作抗压能力减弱（Barnes-Farrell, Rumery & Swody, 2002; Sarkisian, Prohaska & Wong, et al., 2005）都被视作增龄的必然结果。从这个角度上看，年龄预设了老化的趋势、方向，老化则成为线性增龄过程的必然结果。

年龄标识是老年人建构老年心理的主要资源，它形塑了客观的老化观。一方面，年龄标识使原本复杂的老化简单化，去除了老化原本丰富的内涵。如前所述，年龄绝非仅仅是计量生命时间的刻度，它所蕴含的社会文化内涵远比其作为数字序列中的一个数值要丰富、复杂得多。要将如此丰富的文化含义植入年龄这一简单数列，就必然要压缩、剥离那些"不重要"的、情景化的、个性化的东西，并保留其"精华"——那个具有共性、普遍性、规律性的核心本质。个人体验到的、丰富多样的老化，在年龄标识中被压缩成统一的"老化"，即那些明显的、为大多数人所感知且被普遍认可的老化。这些被压缩了的"老化"往往是一些典型的、有代表性的老化特征，例如进入老年后出现驼背、皱纹、行动变得缓慢、牙齿脱落、毛发变白等。人们常常根据这些统一、公认的标准来评估自身的老化状况。一旦出现类似特征，人们便不由自主地将自己归入老年行列，按照社会统一规定的老年方式进行生活和行动，却忽略了自身存在的差异性以及蕴含的各种潜能。另一方面，被年龄标识的老化始于老年阶段并随年龄增长呈加剧状态，而老年又是循阶演进式生命历程的一个生命阶段，始于此阶段的老化也必然同该历程的基础——线性增龄一样遵循直线矢量时间的方向性、连续性、累积性等规律和原则；反过来，直线矢量时间或线性增龄奠定了老化不以人的意志为转移的必然性、绝对性、客观性的基础。在直线矢量时间观里，任何事物的运动都离不开时间。老化既寓于年龄之中，又同时间或增龄一样是线性的、不可逆的、客观的、必然的。在反映论者看来，老化心理是对老年期增龄变化的客观反映，这种反映被当作唯一正确的反映。这种视老化为对增龄变化的唯一客观的反映的老化观是绝对老化观，它认为老化始终与增龄同步，与年龄一样呈不可逆的线性发展趋势。

第三节　年龄对老年心理与行为的规约

一、年龄对老年心理的影响

年龄对老年心理的影响正如丰子恺散文《秋》开篇所描绘的景象：

> 我的年岁上冠用了"三十"二字，至今已两年了。不解达观的我，从这两个字上受到了不少的暗示与影响。虽然明明觉得自己的体格与精力比二十九岁时全然没有什么差异，但"三十"这一个观念笼在头上，犹之张了一顶阳伞，使我的全身蒙了一个暗淡色的阴影，又仿佛在日历上撕过了立秋的一页以后，虽然太阳的炎威依然没有减却，寒暑表上的热度依然没有降低，然而只当得余威与残暑，或霜降木落的先驱，大地的节候已从今移交于秋了。

> ……

自从我的年龄告了立秋以后，两年来的心境完全转了一个方向，也变成秋天了。

一个数字于人的心理竟有如此巨大的威力。于老年人而言，影响最大的当属"60"这个数，它意味着进入一个新的人生阶段，获得一种新的身份地位，开启一种新的生活方式。前文论及年龄对老化的标识，年龄增长与老化过程两者合二为一，以至年龄与老化几乎画上等号，那么年龄必然影响老年人的心理。

老年学、心理学研究中，主观老化体验通常用于说明年龄对老年心理的影响。主观老化体验是指个体对自身老化的一种主观感受（Diehl & Wahl, 2010），它与年龄意识共同构成老年人自我的固有成分（Ryff, 1991; Steverink, Westerhof, Bode & Dittmann-Kohli, 2001）。纵观主观老化体验的研究史，主观年龄和年龄认同始终是该领域最为重要的概念。最早研究主观老化问题的罗伯特·卡斯特伯姆认为，主观老化体验至少由两部分组成：看起来多少岁（how old a person looks）（社会界定的年龄或客观年龄）和自己感觉多少岁（how old a person feels）（主体界定的年龄或主观年龄）（Kastenbaum, Derbin, Sabatini & Artt, 1972）。对年龄认同的研究将主观老化体验的研究推向了高潮。年龄认同是指个体对客观年龄的认同，其结果存在三种可能：认同客观年龄，即主观年龄与客观年龄一致；不认同客观年龄的情况下又存在两种可能，一是主观年龄小于客观年龄，二是主观年龄大于客观年龄。蒙特帕尔（Montepare, 2009）研究发现，中青年认同大年龄（认为自己比客观年龄大），老年人认同小年龄（认为自己比客观年龄小）。

年龄是影响老化体验的关键因素。有研究者认为，老化从根本上是由年龄决定的，其他因素只对老化起加速或减缓作用（冯琴昌，方永奇，李小兵 等，1995）。科尼迪斯（Connidis，1989）比较了年龄与经济状况、知识技能、教育水平、自我效能感、社会关系（配偶、孩子、亲密朋友）对老化体验的影响，结果发现，年龄的影响力最大，而且，其他因素无法补偿年龄对老化体验的影响。换言之，人们即使拥有其他资源也无法降低或缓解由增龄引发的衰老体验。特定社会对个体生命历程的发展总有一条公认的、"好的"或"标准的"路径，在此路径上，何时上坡、何时转弯、何时下坡都用年龄明确标记，每一社会成员都时刻警醒自己切勿偏离这一"正道"。60 岁是人生的一个重要转折点，步入花甲之年的人对年龄变得更加敏感。有研究指出，年龄是个体认同老年身份的决定性因素（Blau, 1956; Logan, Ward & Spitze, 1992），以至于人们对由增龄引发的对老化的恐惧要远远大于对死亡的恐惧（Boudjemadi & Gana, 2012）。年龄虽然是我们生活中既熟悉又平常的一个因素或变量，但对老年人群可能是一个极为重要的因素。年龄与老化体验呈正相关，即年龄越大，老化体验程度越高。斯特弗里克、韦斯特霍夫、博德和迪特曼 - 科利（Steverink, Westerhof, Bode & Dittmann-Kohli, 2001）研究了包括生理性衰退、社会性丧失、心理性增长三个维度的个人老化体验，结果显示，三个维度上的老化体验均与年龄显著相关。其中，生理性衰退（0.31，$p<0.01$）和社会性丧失（0.18，$p<0.01$）与年龄呈正相关，心理性增长与年龄呈负相关（-0.35，$p<0.01$）。此外，研究者还通过对比 40 ~ 46 岁、47 ~ 54 岁、55 ~ 61 岁、62 ~ 69 岁、70 ~ 76 岁和77 ~ 85 岁六个年龄组的老化体验，确定了三个维度上的老化体验与年龄均呈线性关系。年龄越大体验到的生理性衰退和社会性丧失越高，但心理性增长越低。博杰马蒂和加纳（Boudjemadi & Gana, 2012）研究发现，90 岁的老化体验显著高于 60 岁。这些结果佐证了年龄对老化体验的影响。

既然老化体验分为大年龄和小年龄的老化体验，那么老年人是如何作出评估的呢？对大年龄的老化体验，老年人依据年龄与老化的关系，在与自身体验到的老化程度的对比中评估、推断所得。莱维（Levy, 2009）的刻板印象的具身化理论指出，人从出生开始乃至在整个生命历程中都在接触、习得有关老化的知识，例如年龄刻板印象、老年歧视、老化态度等，并就自身未来的老化形成特定的信念或预期。这些信念或预期在增龄过程中伴随机体出现明显或不明显的衰退症状（如健康恶化、身体机能紊乱）继而逐步演化为"自我实现的预言"，最终形成个体用于解释老化体验的概念框架。进入老年期，随着对年龄的社会内涵的理解和认同，人们逐渐从被动老化过渡到主动老化。老年人在增龄过程中的老化体验，实际上是对早期习得"老化"的一种实现，对未来某一年龄段的老化体验则是一种预言。此预言类似于一种常态预期（Steverink, Westerhof, Bode & Dittmann-Kohli, 2001），而年龄对老化体验的影响则通过老年人将老化体验内化为常态预期来实现。根据这一常态预期，人们既能感知到自身的老化程度，也能判断他人的老化程度。以年龄为时间线索安排社会事件的社会时间表就是一个鲜明的例子，它规定了特定社会中人们在某一时间节点或时间段应有的、不应有的心理和行为。

老年人与过往的自己对比，体验到小年龄的老化体验。也就是说，他们评估的是自己过去某一岁数的老化程度。当然，这种评估并不一定比对大年龄的评估更为真实、客观、可靠。人脑中的"过去"并不是一种客观存在，而是立足当下的一种记忆重构，对"过去"的记忆不过是在过往经历中选择性地挑选事件来满足当下的需要（秦志希，曹茸，2004）。一旦将记忆聚焦于衰老，老年人对其他增长性的体验就转变为对衰退、弱化的体验；相应地，对其他增龄变化的关注就自动忽略了。而且，人们习惯简单地将人的前半生（60岁前）概括为"成长"，将人的后半生（60岁后）称作"老化"。基于过去"成长"与现在"老化"之间的鲜明对比，年过花甲的老年人很容易将这种差异放大。老年人越回忆过去成长过程中的青春年华，就越可能体验到当下年龄变化的结果——衰老。当然，老年人选择的对象也可能是年龄小于自己10岁的其他人（如周围熟悉的人）。即使如此，现代医疗技术、健康服务水平、生活质量等方面的提高，也使他们比较的对象有更多的机会、更优质的条件来缓解自身的老化，这也可能加大老年人对自身老化体验的差异。

还有一种现象是，越年长的人对老化越敏感。有实验证明，在心理性老化维度上，70～79岁老人评估80～89岁老人的老化程度高于60～69岁老人评估70～79岁老人的老化程度（刘甜芳，杨莉萍，2018）。换言之，相较于60～69岁老人，70～79岁老人认为比自己年长10岁的人"更老"。这说明80岁是目前普遍公认的人老的一个标志。齐扎、埃利森和沃内特（Zizza，Ellison & Wernette，2009）曾将80岁或85岁定为老年的开始，认为80岁或85岁以上的人才是名副其实的"老人"。随着人们生活水平的提高，人的寿命大大延长，衰老的时间节点也随之后延。我国古代称50岁的人为"老人"，现在国家规定60岁的人为老人，依照这样的趋势，未来老年的时间起点必将延后。有数据调查显示，"认为自己老了"在80岁及以上的高龄人群中高达98.4%（杜鹏，伍小兰，2008）。可见，几乎所有80岁以上的人都"服老"。而且，"服老"仅限于心理性老化。不像生理性老化有较为明确的判定标准（如头发花白、皱纹增多等），也不像社会性老化通常以退出职业劳动市场为标准，心理性老化存在较大的个体差异，允许个体选择的范围较宽（可能从60～80岁或85岁不等），而不会被设定在某一时间节点（如60岁或65岁）。由此衍生出一个问题，80岁是不是老年人心目中"老年"的真正起点？

二、拒老心理实为对小年龄的认同

第一章论及刚步入老年的人出现拒老倾向，他们区分出心理性年龄和生理性年龄，在二者的不一致中体验"人老心未老"。这种拒老的心理实则为对年轻的认同，即对小年龄的认同。由于年龄大意味着低自尊、低自我效能、低生活满意度等消极结果，那些感觉自己"更老"的人，更容易遭到消极老化刻板印象的影响（Montepare, 2009；Eibach, Mock & Courtney, 2011），因此很多老年人试图避免将自己归入"年纪大"或"更老"的行列，他们更倾向于用小年龄及与之相关的词汇来描述自己（Bultena & Powers, 1978）。有研究显示，认同小年龄的老人，自评的老化程度低于他评的老化程度（Celejewski & Dion, 1998；Netz, Wingate & Ben-Sira, 1993）。韦斯特霍夫、怀特伯尼和弗里曼（Westerhof, Whitbourne & Freeman, 2012）认为，认同小年龄是老年人在意识到自己变老时进行自我增强（self-enhancing）的一种策略，以维持对年轻的身份认同。实际上，人们从中年（40岁）开始就认同小年龄了，年龄越大，主观年龄与客观年龄之间的差距就越大，此差值在40岁时已达8岁，即达到客观年龄的20%（Montepare & Lachman, 1989）。杜罗斯特（Durost, 2012）将老年人所认同的小年龄称为"内部年龄"（inner age），认为它比生理年龄（physical age）小30 ~ 40岁。也就是说，老年人并不视自己为"老"（old）。但是，这些研究结论均从西方文化的老年样本获得，而东方文化素有"尊老尚齿"的传统，较大的岁数除代表较高的老化程度外，还具有积极的文化内涵。

认同小年龄的拒老现象普遍存在于老年人群中。已有研究表明，老年人倾向于认同小于其客观年龄的年龄（Montepare & Lachman, 1989）。克莱斯皮恩-阿梅拉、科特-格鲁恩和史密斯（Kleinspehn-Ammerlahn, Kotter-Grühn & Smith, 2008）跟踪研究的结果也支持这一结论。韦斯特霍夫、怀特伯尼和弗里曼（Westerhof, Whitbourne & Freeman, 2012）通过让被试回答以下问题来测量主观年龄："你觉得自己有多大？是与你的客观年龄一样吗？是年轻5岁，年轻10岁，还是更老呢？"结果显示，70岁的人认为自己55岁，75岁的人认为自己仅有60岁，而25岁的人则认为自己确实是25岁。可见，对小年龄的认同只适用于老年人群。格林（Green, 1981）也认为，认同小的年龄（小于客观年龄）通常见于老年人群，年轻人的主观年龄要么与客观年龄一致，要么大于客观年龄。

而且，年龄越大的老年人主观年龄越小（Gergen & Gergen，2012）。另外，小的主观年龄对生理性、心理性和社会性老化的影响具有一致性（刘甜芳，杨莉萍，2017）。生理性老化的降低能够带动其他两种老化一同降低，反之亦然。换言之，认同小的主观年龄具有"蝴蝶效应"。但是，这种"效应"并不是无条件的。小的主观年龄对大多数健康状况良好、经济宽裕、生活独立的老年人可能比较容易获得，也较容易得到社会上其他人的认同。但对那些被贴有明显老化征的老年人，如患有重病（如阿尔茨海默病、老年痴呆）、依赖他人、遭社会孤立、居住在养老机构或者年纪较大的老年人，他们可能很难认同小于客观年龄的年龄（Bultena & Powers，1978）。有数据显示，"认为自己老了"，在 80 岁及以上的高龄人群中占98.4%，在 60 ～ 80 岁的老人中比例仅占25%（杜鹏，伍小兰，2008）。

"拒老"即对小年龄的认同对老年人有积极作用。蒙特帕尔和拉赫曼（Montepare & Lachman，1989）指出，大的主观年龄（大于自身的客观年龄）对中老年人有消极作用，对青少年有积极作用；青少年并不会像中老年人一样因为年龄大造成老化刻板印象的消极影响。韦斯特霍夫、怀特伯尼和弗里曼（Westerhof，Whitbourne & Freeman，2012）通过对老年人的研究发现，主观年龄与客观年龄差值越大的被试，其自尊水平越高，对新环境的适应能力也越强；大的主观年龄对自尊有消极影响，小的主观年龄对自尊有积极作用。韦斯特霍夫和巴雷特（Westerhof & Barrett，2005）对比了老年人的主观年龄、健康状况、社会经济地位对主观幸福感的影响，结果发现，小的主观年龄对主观幸福感的预测力强于其他两者。老年人对小年龄的认同与适应程度呈正相关（Montepare & Lachman，1989）。小的主观年龄意味着更高的认知能力、良好的生理机能以及较长的寿命（Schafer & Shippee，2010）。实际上，那些感到年轻（主观年龄越小）的人确实比较健康、长寿，这是积极老龄化的标志（Gergen & Gergen，2012）。威尔森（Wilson，2009）指出，对"不老"的认同可当作一种对抗老化的形式，表达了拒绝接受年轻人强加给老年人"年老"的标签。认同小年龄表达了老年人对老化的抗争以及对年龄标识老化的挑战，抗争和挑战的结果则是形成衡量老化程度的新的年龄标准，即以主观年龄而非客观年龄作为老化的标识。不得不承认，现代医疗水平、生活质量等各方面的提高大大延长了人的平均寿命，个体衰老的速度大大减缓。这对标识老化的旧的年龄标准提出了挑战。另外，互联网的高速发展使以一元价值为主导的现代社会过渡到以多元价值共存的后现代社会……多元主义必然会对单一的传统或价值进行拷问（Gergen，2014）。在这样的社会背景下，衡量老化的旧有的年龄标准变成了多种选择中的一种，而非唯一。老年人认同的新的年龄标准（如小年龄）便应运而生。

对于老年人认同小年龄的这种积极倾向，不同的理论给出了不同的解释。研究者从自我增强的动机、自尊的需要、自我实现的趋向三种理论出发，分析了这种积极倾向对强化老年人控制感、增强动机与信心、形成积极的可能自我所具有的积极意义（李凌，2004）。这种积极倾向可借用阐释"老化悖论"（paradox of aging）的社会情绪选择理论来分析（Gergen & Back，1965；Carstensen，2006；伍麟，邢小莉，2009）。该理论认为，随着年龄的增长，人所拥有的时间越来越短，各种目标的重要性会被重新排列。不像年轻人关注未来，采取未来定向，为追求有益的目标而放弃情感甚至付出情感代价，老年人更多地意识到未来之有限——"时日不多"，体验到生命即将临近终点，故采取当下定向（present-oriented），更关注情绪情感、社会关系、人生价值与意义。因此，老年人体验到的幸福感和对社会关系的满意度比年轻人更高，尽管其生理机能以及某些心理功能确实不如年轻人（Carstensen，2006）。社会生产功能理论认为，人在外界条件有限的情况下，会运用一切可用的资源寻求最大的幸福，重新定义情境，选择可能的替代目标，从事有助于身心健康和幸福的活动（Steverink，Lindeiberg & Ornel，1998）。老年人对小年龄的认同，可能也是因意识到时日不多而转向关注和寻求积极方面的一个结果。还有研究发现，实验不受被试最初自评的主观年龄或客观年龄的影响，说明降低任何岁数的老年人的主观年龄都能有效地减少他们的主观老化体验（刘甜芳，杨莉萍，2017）。换言之，小的主观年龄对老人的积极影响适用于所有岁数的老年人。由此，我们看到了重构老化的希望，改变老年人主观年龄能有效地干预客观年龄对老化心理的影响，帮助他们从老化的消极接受者转变为积极的建构者。

三、年龄对老年人的行为规约

日常生活习惯用年龄来规范人们的心理与行为。例如，小孩子最怕听到的莫过于"你××岁了，该懂事了"，它标志着天真烂漫、自由自在的孩童时代的结束。自此便要开始学习社会规则，知晓是非，了解他人，约束自我，不能恣意妄为。又如，以年龄为标准划分老年人群，赋予他们特定的角色、地位和规范。年龄自古就用以区分和管控社会人群（包括老年人群），是维持社会秩序的一个重要工具。所以，年龄绝非仅仅是一个计量生命时间的数字序列，它还承载着特定的社会地位、社会角色、社会规范，标志着人到了某一年龄应做什么、不应做什么。老年学认为年龄是一种社会存有（social beings），社会根据年龄为社会成员设置特定的地位角色与行为规范（陈运星，2012）。

分类是人类社会表达与安顿自身的方式之一，也是大脑自身的一种适应性特征（Nelson，2009）。分类是指把事物、事件及有关世界的事实划分为类和种，使之各有所属，并确定它们的包含关系或排斥关系的过程（涂尔干，莫斯，2000：4）。社会分类又称社会范畴化、社会类化，是指依照某一标准将某一人群进行标识，使之区别于其他人群的过程（Crisp & Hewstone，2007）。发展心理学依照年龄将人分为：胎儿（出生前）、婴儿（0～3岁）、幼儿（4～6岁）、儿童（7～12岁）、青少年（13～18岁）、青年（19～34岁）、中年（35～59岁）、老年（60岁及以上）（林崇德，2003：120，159，224，288，362，418，476，524）。

以年龄 60 岁为标准将人划入老年人范畴的社会分类，我们称为老龄社会分类，简称老龄分类。古今中外，老年人的年龄标准各不相同，就我国目前而言，《中华人民共和国老年人权益保障法》和退休、养老保险等相关政策将 60 岁及以上的人群划入老年人群，可见，60 岁是界定我国老年人的通用标准。"60 岁即老"——人至 60 岁正式进入老年期，开始老化，成为老年人——是我们再熟悉不过的常识，也是学术研究选择老年样本时采用的主要标准（本文所讨论的老龄分类均以 60 岁为标准）。

老龄分类以老化特征的出现为前提条件。分类并不是个体自身的一种简单的先天能力，事物本身也不会按照某种标准自动归类、自动呈现。分类思维是从混沌、泛同状态发展而来的。事物最初呈现出无区别的泛同状态，直到某些决定要素被识别并被命名，分类才由此展开（涂尔干，莫斯，2000：4-8）。老龄分类亦是如此。个体到达某一年龄阶段出现毛发花白、满脸皱纹、耳聋眼瞎、行动迟缓等特征，这些特征被命名为"老化"，它们不属于其他年龄群，为老年期人群所独有。老化特征将老年人与其他年龄人群区分开来，是老龄分类的决定要素。借助于大样本的测量方法和数理统计，可以计算出老化特征出现的年龄。这一岁数即为老龄分类的标准。人们日常生活中的老龄分类往往是在无意识状态下自然发生的，这有助于人们迅速了解自己和他人，并对周围的人与事、环境作出恰当反应。年龄是原始社会分类的三大标准之一（另两种为种族和性别）。年龄分类是个体认识理解他人、与他人交流的基本方式之一（Nelson，2009）。个体在生命早期就已习得年龄分类且将之自动化。有研究者对此提供了实证依据，他们只给被试呈现年龄信息，被试根据年龄自动将人划入老年人群，对老年人的认知和评价也伴随这一划分自动生成。研究者认为，这种分类的自动化是认知的一种节省原则（Nelson，2009），它有利于人在短时间内快速识别他人、理解他人，进而与他人交流（胡春光，2010）。然而，老龄分类的自动化在促进人们理解老年、老年人、老化的同时，也容易导致人们忽略不同的具体情境而一味根据年龄作出条件性反应，从而导致年龄刻板印象和年龄歧视的形成。加兰、多特里和奥尔松（Callan, Dawtry & Olson, 2012）的研究表明，在告知被试交通事故中无辜受害者的年龄（分别为74岁和18岁）后，要求被试评估自己为无辜受害者辩驳的意愿程度。结果发现，相比于18岁的无辜受害者，被试较不情愿为74岁的无辜受害者辩驳。被试认为老年人自身应为交通事故承担一定责任，理由是老年人普遍耳不聪、目不明、心不智。

分类不仅是划分类别，还意味着根据特定的关系对不同类别加以排列（涂尔干，莫斯，2000：8）。将分类出来的各年龄群集加以排列，并依照年龄大小分入不同的年龄层，即为年龄分层（Riley, Johnson & Foner, 1972：4）。从横向看，一个年龄分层系统涵盖所有年龄层及位于每一年龄层的成员，个体每增长一岁，构成各年龄层的成员则更新一次；从纵向看，每一成员均处在某个年龄层，随年龄增长从低层依次走向高层，这一过程构成个体整个生命历程。年龄分层的目的不只是划分出年龄群集，更重要的是赋予各年龄层特定的权利和义务。赖力、约翰逊和丰纳（Riley, Johnson & Foner, 1972：6-8）提出的年龄分层理论有四个要点：（1）社会依据年龄大小将人口分为一系列的年龄层级；（2）年龄代表成员在生理、心理和社会方面的差异，因此各年龄层对社会的贡献和责任不同；（3）年龄直接或间接影响各年龄层成员所拥有的地位、角色；（4）人们的心理和行为受年龄的影响。

各年龄层在特定社会中的社会位置即为年龄地位，社会为老年人群设定的社会位置即为老龄地位。年龄作为社会区别的基础，兼具生物学特征和社会学意义，能够清晰准确地界定社会成员的身份、地位和角色（陈运星，2012），因此也是标识个体地位与角色的一种可靠依据。由于年龄的先赋性，年龄地位也常被指定且通常具有不能更改的先赋性地位（波普诺，1999：329）。也就是说，人到一定年龄（年龄层之间的分界线），或者自动获得，或者被强制赋予特定的年龄地位，开始新的社会化进程。年龄地位在个体生命历程中的变化通常是以某些"转换仪式"或生物事件、社会事件为标志。例如，老年地位的获得通常是以退休（退出职业劳动市场）、庆祝六十大寿或第三代出生为标志。

年龄地位要求各年龄群集扮演特定的年龄角色。年龄角色是指社会对占据年龄地位的人的行为期望（波普诺，1999：96，329）。相应地，老龄角色是指社会对占据老龄地位的老年人的行为期望。年龄不仅是用于计算人在世存活时间的计数工具，每一年龄或年龄段，特别是年龄层之间的分界年龄，都承载着重要的社会心理意义。例如，退休年龄作为老年人的一种群体边界符号，区分退休人员与职业劳动人员，标志着二者在身份、角色等方面的区别，意味着社会对两个人群的区别对待。

各年龄地位和年龄角色的人必须遵从特定的年龄规范。年龄规范是指社会规定达到某一年龄的人应该如何想、如何做的规范和标准（波普诺，1999：329）。同样地，老年人所遵循的社会规范和标准即为老龄规范。破坏某一群体或社会的年龄规范的行为即为年龄越轨（波普诺，1999：329）。规范破坏者会受到社会舆论甚至法律的惩处。借助道德的约束作用和法律的惩戒力量，年龄规范得以巩固和维持，从而确保各年龄层人群的行为行进在社会设定的公共路径之上。

各年龄层的地位、角色、规范构成了一张社会时间表。社会时间表是社会为生命历程中重大生活事件发生的时间设定的日程表，表达了社会对各年龄层的社会期望和约束规范。社会时间表折射出一种文化时间制度，反映了特定社会和文化中人们共享的生活节奏（包蕾萍，2005；黄哲，2012）。它像一个被设定了固定节奏的节拍器，要求社会成员按照社会文化规定的生命历程的标准化模式参与社会生活。社会成员一旦偏离社会时间表，发现自己与共享的标准不符，就会焦虑不安。在社会时间表中，事件发生的年龄被刻在生命格尺上，成为一种约定俗成的社会惯例，规定着社会成员享有的地位和权力、扮演的角色、需完成的任务、应遵守的规范和应履行的义务。通过共享的社会时间表，人们可以根据年龄获知各年龄群已经经历的和正在经历的事件以及预期即将发生的事件。在社会时间表中，年龄也可被看作社会和文化赋予了某种意义的标记。通过此标记，社会设定个体在生命历程中的位置，安排个体归属某些社会组织、参与某种社会活动的时间，从而达到约束社会成员和维护社会秩序的目的。

年龄是现代社会系统的一个常见要素，关系到日常生活的方方面面。中国早在原始社会的虞舜时期就开始用年龄对社会成员进行区分，并设定各年龄人群的言行规则和标准。《礼记·内则》记载："凡养老，有虞氏以燕礼，夏后氏以飨礼，殷人以食礼，周人修而兼用之。凡五十养于乡，六十养于国，七十养于学，达于诸侯。八十拜君命，一坐再至，瞽亦如之，九十者使人受。"奥瓦尔·P. 舒达科夫回顾了美国人年龄意识的起源与发展历程。他指出，年龄分层源于19世纪中叶教育者和从医者对儿童与成人差异的关注和重视，其后学术界关于年龄分级、同辈群、同龄群等概念的研究不断形塑着公众的年龄意识。美国20世纪前30年的历史见证了年龄意识的支配地位以及年龄规范的强制实施（Dahlin, 1991）。在现代社会，年龄是个体参与社会活动、处理日常事务的一个重要指标。参保就医、入学教育、就业离职、婚姻嫁娶、生产销售等无不与人的年龄密切相关。在医疗护理行业，年龄是决定对患者进行预防治疗或采用某一治疗方案最常用的标准。对于老年人而言，医务人员常常采取保守的诊断与治疗方案（Tinetti, 2003）。此外，年龄也是开发和设计人机交互系统首先需要考虑的因素，因为少年儿童的心智系统尚未发育成熟，而老年人的感知觉（视听、运动）、记忆力、注意力、灵敏性趋向降低（Heimgärtner, 2013）。诸如退休年龄、领取养老金的年龄等经立法确定的制度年龄或法定年龄（唐仲勋，叶南客，1988），以及步入老年、确定老年身份的年龄，对老年人来说，都是生命中非常重要的时间节点。

　　年龄的影响无处不在，不断建构或形塑着老年人的心理和行为。在政治制度方面，年龄是中央集权统治下人口资源监控和人口结构调整的重要手段（吉登斯，2009：193）。我国"尊老尚齿"的传统虽不断式微，但年龄却以另一种更为制度化、学术化、世俗化的方式影响着所有社会成员，包括老年人群。退休年龄即是典型例子。努尔人的年龄组（age set）制度通过成丁礼仪赋予部族成员"永久"的身份，设定行为规范，安排社会关系（埃文思-普里查德，2014：282-296）。在社会层面，年龄既是特定社会文化对社会成员（如老年人）的一个标记（黄哲，2012），也是社会成员日常生活与行动的一个准则。社会成员按照年龄被划归各个层级。年龄等级（age hierarchies）规定了各层级成员所拥有的生活机会、权力、特权和酬赏（Riley, Johnson & Foner, 1972：4；李强，邓建伟，晓筝，1999）。年龄是社会成员具备或失去从事某一社会活动、享受某一权利或者拒绝履行某一义务的标志（黄哲，2012）。在个人生活层面，年龄是贯彻个体整个生命历程的一个关键要素，是个体在生命历程中所经历的各种角色以及个人历史经验的基础，规定和制约着人的整个生命历程，向人们传达了在某一年龄应该做什么以及如何做的要求。"举止要与你的年龄相称"（be/act your age）这道劝诫规范着人们在各自生活领域的态度和行为。我们常常听到"老人就该有个'老'的样子"这样的话语，有的老人因此自我安慰"人老了，掉队落后、遭社会淘汰不是很正常的吗"，还有人被劝说"耄耋之人别再痴想东山再起"。拉斯奇（1988：54）曾言："发展就意味着在适当的时间按正确的顺序度过人生的各个阶段。"用时间单元来划分和标记个体的生命历程，进而调整个体的日常活动以适应时钟和月历的行进，使年龄具有了规范社会成员心理与行为的作用（Holstein & Gubrium，2000：34）。如伯杰和卢克曼（Berger & Luckmann，2005：41-42）所言："年龄作为一种时序结构具有强制性，不仅强制在每一天的议程中，也强制在人的一生中。于是，个体了解到每日的议程和一生的安排。"年龄对各年龄群的规范好比福柯的"环形监狱"，社会通过确定正常和不正常的行为规则，使所有人都处在年龄规范之下，不可妄自逾越。

年龄不仅影响人们对老化的认知和体验，还左右着人们对待老年人的态度和行为。迈克尔·布里基（Brickey，2015）曾讲述过一个例子：一次偶然的机会某图书馆员向周围人暴露了自己的年龄（50 多岁），随后她发现别人开始以一种全然不同的方式对待自己，他们断定她对流行文化毫无涉猎，一窍不通，随即就中断了她的馆员身份。布里基解释道："他人一旦知晓你的年龄，就会期望你的一言一行要与该年龄相符。"年龄在这里表达了一种社会期望，这种期望的前置条件是，特定的年龄对应特定的心理或行为。从这里可以看到年龄对老年人心理与行为的强制性规范。

第四节　积极老龄化：无龄老化

一、多元的时间观

学术界对时间这个超越万物、控制宇宙（包括人）的具有至高"特权"的客观存在有不少批评。在哲学领域，时间被认为是客观存在的并作为空洞的直观而呈现在意识面前的概念自身，是脱离了任何表象的一个"盲概念"（王世达，2002）。国内研究者汪天文（2003）曾指出，时间不过是对客观世界的一种"格式化"。他还批评研究时间的科学主义范式：

科学从诞生之时起在方法论上就与时间研究相去甚远，科学的理性逻辑和实证主义与时间无法作逻辑推理、无法被经验证实相矛盾，科学家（包括科学心理学家）试图用一堆科学材料来证明时间的客观本质是犯了用现象解释本质的机械主义毛病（汪天文，2004b；汪天文，2007）。尽管有研究对时间的维度、方向、前进方式、存在形式等问题有所回答，但对"时间是否客观存在"这一问题始终无法证实或证伪，而时间心理学的逻辑又正是以承认时间的先验存在为前提的。

人创造了时间，反而受其所制。汪天文（2003）将时间喻为"牢笼"——人为设置的障碍，人以自创的概念设定自身的生活与行动，犹如作茧自缚。钟表为我们的社会生活提供了便利，反过来又成为控制人们生活节奏的"铁腕"。它决定我们何时做什么，何事先做，何事后做（汪天文，2004a）。时间概念自诞生之时起就被人们赋予了某种至高的"特权"。世界万物（包括人自身）无不置身于时间之下，万物生灭、历史兴替、人事变迁均在时间的"允许"下进行。没有无时间的物，没有超时间的事，事物变化皆可在时间度规之柱上找到相应的刻度。时间编织了我们生活的网络。在生活井然有序的假象之下，我们无时无刻不在体验时间的紧迫性。时间已成为现代社会的某种硬性规定，公认的一切工作和行动都必须服从时钟的命令（吴国璋，1996）。充斥在生活和工作中的各种期限使人陷入短暂的喜悦和长期的疲惫与焦虑之中，直至生命耗竭。盖达默（1986）曾指出，个人对死亡的态度实际上也是被时间的结构规律所控制的一种体验。

那么，是否存在另一种选择呢？由前文分析可以看出，直线矢量时间是特定文化的特定产物。用社会建构论的话说，它更像一种比拟，一种隐喻，一种象征。在不同的情境下可以使用不同的"时间"，或者是直线矢量时间，或者是日月循环往复的时间，或者是与农作相关的实践时间，或者像电影《降临》（*Arrival*）讲述的那样，将时间喻为一滩湖泊，在其中过去不再久远，未来也不再遥不可及，过去、未来同现在一样均在湖泊中，过去就是现在，现在即是未来。在量子力学中即在普朗克尺度上，量子事件不再按照时间的流逝先后发生，时间变量从基本方程中消失意味着时间不再存在（罗韦利，2017：152）。在量子世界，时间的统一性、方向、独立性以及现在、过去、未来全部消失，没有时间、空间，也没有物体的存在，只有事件的不断发生（罗韦利，2019：70）。这种激进的时间观对于习惯连续时间流的现代人来说，或许一时难以接受，人们自然会问："那种滴答滴答随时都在流逝的不是时间本身吗？"罗韦利（2017：156）继续解释道，通常来说，人们对时间流逝的感觉只是在宏观尺度上的一种有效近似，这主要是因为人们只是以粗糙的方式感知世界。正如《般若波罗蜜多心经》所示，人们对世界的认识和体验受制于眼耳鼻舌身意，获得的色声香味触法都不过是种种幻象。倘若如此，我们有什么理由拒绝各种时间观，而认定直线矢量时间是唯一"正确"的呢？连经典物理学家牛顿都明确指出，我们无法测量时间 t，如果时间存在，就可以建立一个描述自然的有效框架……时间变量的存在是一个有用的假设，并不是观测的结果（罗韦利，2017：155）。

二、增龄与老化的异步性

年龄对老化的判定与标识在学界、社会生活中几乎是毋庸置疑的，然而，确有不少观点与之相左。人类学家安东尼·格拉斯科克和苏珊·芬曼随机抽取了 60 个国家的样本，发现以社会经济角色变化（由给予者转变为接受者）作为老化标准最为普遍，仅有半数国家采用年龄标准（索科洛夫斯基，2009）。在医疗领域，较之年龄（β 值为 0.06 ~ 0.14），衰弱（β 值为 0.25 ~ 0.39，指多种生理机能丧失）是预测药物副作用的一个更为理想的指标，因为年龄不能代表机体的衰退程度，也无法预测干预和治疗的风险（Schuurmans, Steverink & Lindenberg, et al., 2004）。

另有研究者指出，年龄对身心发展状况的影响仅限于生命早期，不适用于生命晚期，因为老化比成长过程更复杂（Diehl, Wahl & Brothers, et al., 2015），个体所经历的事件和体验也存在巨大差异（Carstensen, 2006）。布尔特纳和沃乌尔斯对 235 名老年人进行了长达 10 年的跟踪研究，结果发现，人们普遍否认自己老化，说自己只是年龄大而已（Cokerham, 1987）。诺伊格加顿（Neugarten, 1979）也曾指出，年龄与老化越来越不相关。可见，年龄与老化绑定的意义已不复存在。纳科鲁格（Neikrug, 1998）的研究发现，健康状况感知（影响生理性衰退）、孤独感（影响社会性丧失）和希望感（影响心理性增长和社会性丧失）对老化的影响要强于年龄。研究者解释说，人们是因为缺乏陪伴而不是因为年龄增长而孤独。问题在于，人们只是把年龄与孤独联系起来，形成了"年龄导致老化"的错误认识。实际上，关于以哪种年龄作为老化程度的标识也一直存在争议。生物学提出用生理年龄（physiological age）取代客观年龄（Harman, 2001）。但老化不是纯粹的生理变化，还具有社会文化的成分（Birren & Schaie, 2006：xvii）。而且即使是同龄的个体，老化速度也不相同（Ostir, Ottenbacher & Markides, 2004），甚至在个体内部，各个系统、器官的老化速度也不同步，而这些差异和不同都被统一的年龄标识掩盖了。古布里姆 1975 年提出"后现代老年学"，区分了常态性老化和病理性老化，指出年龄是一个面具（mask），掩盖了个体真实的年轻自我（Powell & Gilbert, 2009：1）。

事实上，在日常生活中，通过年龄来判断一个人是否老化并不准确。年龄增长的确伴随着生理功能损耗、病症增多等老化问题，但二者的正向关系一直是一个有争议性的论题。老化很难与亲朋逝世、子女离家、就业机会不足、社会经济地位下滑、社会变迁、环境恶化等方面撇开关系。身体衰老与年龄增长绝非同义。年龄标准尽管被广泛应用在医疗、保险、政策、经济、教育等方面，但也饱受争议（Levy, 1996；Evans, 1997）。格莱特（Gullette, 1998）批评说："基于年龄的社会分类是所有社会分类中最不可思议的分类。"原因有二：一是人的老化程度并不像年龄一样呈匀速增长；二是人们对老龄分类的年龄标准存有不少质疑。

正如戈斯登（1999：59-60）所言："仅凭年龄划分阶段的习俗过于武断，忽视了个体发育和衰退的速率差异。"马尔柯娃（1990）也指出，生命阶段的年龄界限并非一成不变，它取决于社会赋予年龄的意义……生命发展的不平衡性使年龄界限难以确定。虽然非老年人一致同意60岁的人应列入老年行列，但年过花甲的老年人却不以为然，拒老便是例证。有数据显示，（美国）出生于20世纪八九十年代的"Y代"认为62岁以上者为老，出生于1964—1970年的"X代"认为70岁才进入老年期，在1946—1964年出生的"婴儿潮"认为77岁以上者才能称为"老年人"，而出生于第二次世界大战期间的"超级一代"认定81岁为界定老年人的标准（荆晶，2012）。也有老年人从未承认过自己年老，他们说："从未考虑过年老的问题""一直没想到老了"……他们不愿把老年人群描述成衰老的、没能力的人（Naylor & Kulp，1983）。整个生命过程的渐变性模糊了中年到老年的分界线，进而造就了不同文化圈对老年人的不同定义。例如，在我国偏远乡村，做了祖父祖母或者干不了农活就步入老年；而对于工作了数载的职业员工来说，退休则是进入老年的关键标志。对于我国黔东南岜沙的苗族人来说，"赴坡上守牛"就是老年的开始。他们根本记不得自己的年龄，因为年龄于他们毫无意义（黄哲，2012）。威尔森（Wilson，2009）批评道，将老年界定为从退休到死亡的一段序列时间，由组织管理者确定某一年龄，这是一种有问题的观点。就因为这些人拥有一个共同的属性（如达到退休年龄）被界定为老年人……通过年龄这个单一指标，老年人群就被界定为一个"他者"……这是一种愚蠢的做法。老龄分类采用"一刀切"的方法来划定老年的边界，显然是以牺牲个体多样性和复杂性为代价的，作为老年起始标志的年龄因此也失去了界定的普遍效力。更重要的是，老年人对年龄、老化的多元解释和多样体验是构成老年心理不可或缺的部分，而这部分恰恰因老龄分类被清除了。

老化的复杂性使年龄无法实现准确"标识"。老化的复杂性体现在：（1）"老化"在字义上是相对的。从字义上讲，"老化"是相对于年轻的老化。"老"（old）指不再年轻，"年轻"（young）指年纪不大，二者互为反面，互相界定。在生命历程中，老化与成长相对，老年期与青春期相对（正名，1986）。（2）内容上是多维多向的，分为积极和消极两个向度，每个向度又包括生理性、心理性和社会性老化。（3）这三种类型的老化速度并不同步，存在个体间的差异以及内部器官间的差异。这些差异或许可以解释客观年龄和主观年龄对主观老化体验的影响，两种年龄分别对应年龄标识中的社会标准和个人标准。在特定社会中，年龄对老化的标识确实存在一个为社会认可的普适标准——社会标准，便于人们生活和行事。但对于每个个体而言，由于个人老化速率存在巨大差异，普适性的社会标准无法准确地代表个体的老化状况，因此出现了适用于个体自身的个人标准。这些批评启示我们，老化是个人的在时在地（local）的老化。一个80岁的人在60岁的人面前可能体验到老化，而与100岁的老者相比可能依旧感到青春与活力；一位老者在进行体力劳动或按某种次序记忆事件时可能自愧不如，但在参悟人生、启迪智慧方面可能无人企及；一位老者在网球赛场上可能是个"正在走下坡路的衰老者"，但在商业董事会上可能是一位"年轻的土耳其人"（Holstein & Gubrium，2000：7）。简言之，每个人的心中都有一种"老化"。即使老年被试在"个人老化体验问卷"上获得同等数值的分数，他们对分数内涵的解读也可能千差万别。而用年龄来标识如此复杂的老化，必然会造成诸多不准确甚至错误，引来各种批评。但是，批评归批评，不应对年龄标识予以全盘否认。将年龄标识看作一种特例或许更容易为人理解和接受。也就是说，年龄对老化的判定和标识不是绝对的、无条件的、普遍通用的，而是相对的、在具体条件下的、有一定适应范围的。同样，被判定和标识的老化也是特定情境下的、在地的"老化"。

三、"增龄等同于老化"只是一种文化建构

"增龄等同于老化"在本质上是一种社会文化的建构。正如前文所述，婴儿期、儿童期、青年期、中年期、老年期等生命阶段并不是必然客观存在的，而是社会文化所建构的。同样地，始于老年阶段的老化也是由特定的社会历史文化建构的。什韦德（Shweder, 1998：ix-xii）将增龄老化称为文化的"编创"（fiction），由人们编造或建构，是人们通过排列编制、加工生产、发明创造、设计策划来理解和组织生活的产物。增龄老化是现代文化描述和理解老年期和老年人群的最为盛行的一种"编创"。格莱特（Gullette, 2004：6）指出，波士顿科技博物馆展览的"时光穿梭机"（New Time Machine）中设定的程序——一个岁数对应一个模样，反映的是既有社会文化传统关于老化的一个先验性概念——增龄即为老化。因此，她将老化看作对时间的一种叙事。任何一个岁数都承载着特定时期、特定社会中特定规范所设定的一组社会建构（social constructs），所有生命阶段都受到所处社会中结构性实体的影响。因此，增龄老化不是纯生物心理（biological-psychological）的产物，而是社会历史文化因素交织的结果（Gullette, 2004：13）。又如，高龄在西方文化中代表老化，普遍具有消极意义，而在东方文化中同时还具有经验丰富、超然豁达、慈祥和蔼、备受尊崇等丰富内涵。在这里，我们得以窥见增龄老化的机缄所在——社会文化本质。增龄老化作为文化建构物具有可塑性和重构性。

年龄的生理属性建构了老化的客观必然性。年龄的生理性基础给人造成一种假象，即随着年龄增加而出现的老化具有客观性和必然性。附着于年龄之上的老化亦即老龄地位与角色、老龄规范也因此获得了合理性与合法性。年龄层的更替并不像社会阶层的进阶那样以个人奋斗为条件，而是由社会成员先赋性的年龄决定，具有不可逆性——毕竟人们再

怎么努力也不可能从老年逆向回到低年龄层（Riley, Johnson & Foner, 1972：4）。有人因此提出，基于生理特征的年龄地位、年龄角色、年龄规范等同样是由人的生物性决定的，不受人为的控涉（Riley, Johnson, Foner, 1972：ix）。赖力、约翰逊和丰纳（Riley, Johnson & Foner, 1972：ix-x）对此批评道："正如几十年前我们说种族和性别取决于人的生物性一样，这种观点忽视了政治、文化的渗透。"凡事一旦与生理性或生物性基础沾边，似乎就获得了无上的魔力，给人们造成一种"不以人的意志为转移、不受人为控制"的假象。正是这种假象——年龄从其生理特征上获得的必然性和客观性，使以年龄为基础设置的地位、角色、规范得以"客观化"，并因此合法化。进入某一年龄层的人"自然"接受年龄地位、扮演角色、遵守规范，从而接受社会对社会成员的规约。一旦过了花甲之年，社会成员便"自然"成为老年人，"自然"获得老龄地位、老龄角色，"自然"遵守老龄规范。

增龄老化对每个个体的意义不同，我们要接纳多元的老化观。戈斯登（1999：导言）曾说，老化绝非增龄的一个必然现象，它比想象中更有趣、更灵活，其节奏和特点并不是固定不变的。老化的内涵是千变万化的，并非千人一面，每个人有不同的理解。实际上，无论是生物学、人类社会和行为科学，还是经济、公共政策领域，都未将老化视为人生命历程中的一个确定的事实。每一种老化观都是有前提的，因此也是可解释、可修正的。对于它的争论、辩论以及多样性要保持开放态度，让每个个体都有多重选择，鼓励老年人充分利用自身资源建构属于自身有意义的积极的老化。社会建构论者发现，世界上存在多种多样的价值观，某些人觉得有价值的东西在另一些人眼里可能毫无价值（格根，2011：32）。因此，为现代社会科学和自然科学所描述的必然客观的老化只是描绘增龄的诸多方式之一，它对某个人或某个人群可能有效，但对另一个人或另一个群体可能无效（Gergen & Gergen, 2010）。为此，将"老化"

修正为"某专业视角的老化""某机构立场的老化"可能更贴切。实际上，我们根本无须用"老化"来描述我们的老年，也没有什么要求我们一定要使用这个概念来描绘人在增龄进程中发生的变化（Gergen & Gergen，2006），老化在没有"老化"这个词汇的文化中没有任何意义。

线性增龄为现代人的生命观设限。线性增龄暗示着生命仅有一次。正如人生的河流隐喻，年龄如流动之水，不断流逝，在"流逝"的进程里人们一旦错失某次机遇意味着永远丧失，"机不可失，时不再来"的机遇观导致人们因丧失某次机会而抱憾终生、悔恨不已。但是，若将人生喻为转轮，错失的机遇则会再次降临，只要具有足够的耐心等待它的轮回并在那一时刻来临前做好充分准备，他／她就能再次获得这个机会（Holstein & Gubrium，2000：1）。线性增龄制定了统一的由生至死的生命发展历程，使人一出生就遵照社会预设的生命历程趋向生命终点，使人笃信人人必死的普适真理，不免引发人们对生命消逝之不可控和对人必然会老、病、死的恐惧。倘若像那些相信轮回再生和羯磨律的佛教人士那样，坚信生命进行因果式的、无穷无尽的周期循环，或像相信来世说与拯救说的基督教徒一样，坚信死亡是通向天国、与基督同在的必经之路和通往永生之门，或者像主张天人合一的道教人士一样，沿着五觉识—心神—元神—气—精的生命回归路径，践行天人交接的过程以达到返老还童的目的，那么，人们将像这些信仰者一样从教义中获益，得到滋养和启迪。遗憾的是，以上例子均因贴上"非科学"标签受到限制，遭到噤音。然而，无论是通过重植性腺还是通过激活老化基因来延缓、战胜老化，延续生命，以达长生不老的科学尝试，都与道教"逆则成仙"的修行路径殊途同归。

线性增龄只是对年龄变化发展的"一种"描述。年龄（生命时间）一去不复返也激起了科学家们对追求长生不老、对抗客观时间规律的有益探索，促使人们意识到生命时间的短暂而积极地珍视人与人之间的情感与关系。但是，"我们总不能像井底之蛙一样固守于既有的历史和传统，以己之所见来限制己之所知与所行，使自身永远受困于'自己织就的那张网'"（Gergen，2009：69）。因此，人们会问："为什么要对（生命）时间进行反映？"换句话说，"我们为何关注时间？""时间于我们有何种意义？""我们为什么这样解释（生命）时间……这种解释源自何处，对谁有益／害，它代表谁的立场，载有何种价值？""哪种解释得到发扬，哪种遭到忽略？"这些提问让人们意识到，线性增龄仅仅是描绘年龄变化的诸多方式之一。更重要的是，对这些问题的回答为建构新的年龄变化模式提供了养分。

在不同的关系中重构"老化"的意义。符号互动理论认为，人们从他人的界定中获取事物的意义。老人从被他人当作"老年人"的意识中来确认自己的老年身份。如戴维·卡普和威廉·约尔斯所言："他人让你觉得自己有多老，那你就有多老！"（Holstein & Gubrium，2000：17）作为一个有理性、能独立思考的个体，我们完全可以不认同这种"老化"。汤普森（Thompson，1992）劝诫人们："老化只是一种态度……关键是你还活着，你只要真正感受自己就能够享受生活。"格莱特在接受布兰德斯 NOW 的访问时说："我们可能会感到年老甚至衰弱，但不会感到糟糕（bad）。"（Lebovits，2011）社会建构论者对此有更为激进的观点。如郭爱妹和石盈（2006）曾指出："人在本质上是没有老化的，人的身体中并不存在什么变化需要用'老化'这样的概念来描述，老化的话语产生于特定时代、特定文化中人与人之间的相互关系。"因此，我们在不同的关系传统中可尝试建立不同的"老化"。例如，我们可将那种客观必然的老化视作一种特例，或者将其看作一种比喻，或将其当作一部文学作品勾画的图景。老年也可以是一个前所未有的丰富生命的时期，一个创造人生愿景的时期。"老年人"只是老年身份的一种，一个老人可能是一位母亲／父亲，一个专业领域的资深专家——教授、作家、画家、书法家等，一个历经风雨的过来人，一个行走江湖的背包客，一个社会活动的参与者……霍尔斯坦和古布里姆（Holstein & Gubrium，2000：28-30）分析了一位中年女士描述其人生履历的词语后发现，她并未用"老""病""死"这样的字眼，而是用了婚嫁、生孩、好妻子、好母亲、离婚、中年家庭主妇、领取救济、工作、奶奶/外婆来描绘整个生命历程。

四、"无龄老化"

通过接受、践行"增龄老化"这一"事实"以及基于这一"事实"的社会规约，"老人"被成功塑造为名副其实的老年人。面对呈线性增长的年岁以及载于其中的必然的老化，我们似乎唯有接受。正如埃伦·兰格尔（Langer，2009：1）笔下所述：

> 时钟无法倒转，老化不可避免。青春已逝，年华衰暮。病症笃疾悄然潜入，侵蚀着我们的健康，咀嚼着我们的体魄。对于此，我们提倡要坦然接受、泰然处之。疾痛一旦袭来，我们便将自己呈交于现代医学，祈佑治愈康复。我们根本无法参涉时间的行径，不是吗？随着时间的推移、年岁的增长，除了跟上其"自然"的脚步并适应增龄带来的一切变化，还能怎样呢？

现代西方文化从"社会融入""家庭护理"这些概念中，从老人作为失能救助、养老金、退休金等方面的消费者这一重要角色中，发展衍生了一种权威性话语，将"这是你的年龄"作为回应一切老年问题的权威回答（Powell，2011）。借助年龄，社会强行将人放入固定的、陈规的角色中去（Young & Schuller，1991：68）。例如，北美文化不惜花上百年的时间来教会人们如何"体验"那种伴随线性增龄而出现的老化（Gullette，1998）。事实上，我们的确也习惯了用既有思维来思考问题，习惯了在特定的年龄接受教育、进入职场、退休离职而后终老离去，我们徜徉在如此舒适的传统里，也因此裹足不前。更糟糕的是，所有人都被划入某一年龄类别（如老年人群），而且，分类的依据（如老化）被视为人内在固有的本质特征和这一人群潜藏着的最基本特质（格根，2011：65）。实际上，老龄分类是一种基于特定社会政治经济目的建构起来的分类，并不是基于跨文化的普遍特征或超验的东西作出的分类，没有任何证据能证明"老化"是人的固有本质。因此，我们要意识到老龄分类、老龄地位与角色和老龄规范的社会建构性，质疑社会强加于老年人群的年龄规约。

分离增龄过程与老化过程，将老年"去年龄化"。我们是否只能做时间的奴隶、老化的受害者？面对单向的、不可逆的、客观必然的、不以人的意志为转移的直线矢量时间和线性增龄以及载于其中的必然的老化，我们是否只能被时间这道枷锁所禁锢，无奈接受增龄老化这一宿命？埃伦·兰格尔的"逆时针试验"（"Counterclockwise"study）（Langer，2009：9-11）对此作了否定回答。一个小小的实验或许无法撼动"增龄老化"长期以来占据的主导地位，但至少启发我们去质疑那些所谓的"理所当然"并拷问其背后所隐含的社会历史文化。如前所述，将老化现象绑定于增龄过程在本质上是一种文化现象。例如，对那些用社会事件和生命仪式来标志生命阶段的部族，他们根本无法理解什么是年龄，更不用说增龄中的老化（Holstein & Gubrium，2000：35-40）。同样，年龄对老化的内涵是人们所赋予的而不是它的固有属性，它不会"自然地"向人们呈现其所代表的老化意义（Holstein & Gubrium，2000：31-34）。事实上，同一岁数对不同的人可能存在截然不同的意义。或者说，每一个老年人都有一种解释。越来越多的人将老年称为人生的"第二春"，开始把晚年视为充满机遇甚至是值得庆贺的年龄段（Gullette，1998）。正如六十被古人称为"花甲"，因为它标志着一个旧循环的结束和一个新循环的伊始。马歇尔（Marshall，2007）主张，年龄是文化生成的，依赖于在地情境，其意义的生成对解构与重构保持开放……解读年龄更像是一种语言和文化的探索。事实上，的确也没有什么强迫人们必须用年龄来描述老年生活。分割年龄与老化的意涵，解绑附着在增龄过程中的老化，将老化"去年龄化"，不仅使老年人不再固守"增龄必老"这一铁律，不再认定"老化乃为老年的全部"，更有助于人们探索潜在的各种资源，发现生命后期的意义和价值。

以"无龄老化"应对"增龄老化"。实际上，年龄只是老化的一个象征性符号。杜罗斯特（Durost，2012）曾说："你可能会在 65 岁被界定为'老人'，开始领取养老金，享受旅游优惠政策；通过医学或社会学专家的鉴定，你也可能到 75 岁从'年轻的老年'步入'老年'。但是，没有什么理由强迫你内心也要有相同的感受……关键是你如何对这些变化作出反应。"2002 年联合国第二届世界老龄大会呼吁"建立一个不分年龄人人共享的社会"。研究生命周期的著名学者纽伽顿于 1980 年指出：几乎在 20 年前，我们的社会已慢慢变成一个与年龄不相关的社会。我们已经习惯了 28 岁的老市长，50 岁的退休者，65 岁的孕妇，70 岁的学生（郭爱妹，石盈，2006）。又如，一个受访者——一个刚从田地里回来的 74 岁农民——在访谈结尾时说："你看，我的生活才刚刚开始！"（Thompson，1992）诸如"祖母摩托车赛""78 岁的名模卡门·德尔·奥雷菲斯参加纽约时装周表演""百岁老人弗农·梅纳德跳伞""80 岁的新郎和 83 岁的新娘身着礼服举行婚礼""85 岁的罗奶奶独自一人勇闯西藏"等新闻头版头条，均是对"增龄必老"的挑战。威尔森（Wilson，2009）指出，"不老"的身份可以表现为多种形式，与其他身份相结合或者相矛盾。一个人可同时拥有"不老"和"年老"的身份，可以是暂时的，也可以是永久的。反老年心理学家迈克尔·布里基（Brickey，2005）提出的应对年龄歧视的方法值得借鉴："将自己想象成不同年龄的人，建立一个储存了多种意涵的且不断更新的年龄库。例如，坐在地上与小孩玩耍时你就是一个孩童，驰骋球场时则是一个20岁的青少年，欲建言献策时又是一个高龄的老者。拥有多重年龄让你在不同情境下选择扮演恰当年龄的人。"当"增龄老化"被置换为"无龄老化"，新的积极的老年生活愿景就一同被建构。

直线矢量时间观是现代主流的时间观，年龄作为生命时间的计量不可避免地受到直线矢量时间观的影响，形成线性的增龄过程。以线性增龄为基础，生成典型的循阶演进式生命历程。老化是循阶演进式生命历程划分老年阶段的依据，因线性增龄和直线矢量时间的客观性也成为一种客观和必然，为年龄对老化的判定与标识、对老年心理的建构奠定了客观性基础。

年龄是老化进程的时间维度，更是阐释和理解老化的一个切入点。年龄不仅成为日常生活中判定老化最普遍、最通俗的标准，也是学术研究中采用得最为一致的老化判定标准。通过以岁数作为老化的代表性年龄、年龄大小与老化程度的高低构成系列对应、用增龄预设老化的走向和趋势，实现年龄对老化的标识作用。

年龄对老年心理的影响主要体现在老年人的主观年龄和年龄认同方面，显然，老年人认同小于其岁数的年龄。这也是拒老心理的实质。年龄通过年龄分类、年龄分层、年龄角色、年龄地位、年龄规范以及由此形成的社会时间表实现对老年心理与行为的规范，建构或形塑着老年人的心理和行为。

然而，直线矢量时间观只是诸多时间观中的一种，在量子物理学中时间根本不存在。增龄过程与老化过程存在异步性，老化的复杂性使年龄对老化的判定和标识受到质疑。年龄的生理属性建构了老化的客观必然性，形成"增龄等同于老化"的假象，"增龄老化"的实质是一种文化建构。因此，我们可以通过分离增龄过程与老化过程，将老年"去年龄化"，以"无龄老化"应对"增龄老化"，通向积极老龄化。

第三章 信奉"真理"：衰老的生理决定论

从第一章对拒老心理和服老心理的描述中可以看到身体衰老的影响之大。老年人最先体会到年老的感觉是从身体出现老化征开始，抗拒的"老"实为生理性的衰老，"有乐趣的生活""及时享乐"都是基于一副健康的体魄，"不如当年"是指身心机能，对"落伍者""退休者"身份的认同取决于机体状况，还有对疾病的"常态化"，对健康的追求，对死亡的恐惧……所有这些都基于一个假设：身体是一切生活的基础，起着决定性作用。

生理决定心理似乎是理所当然的普遍"真理"，生理衰老、年老患病、最终死亡，我们很容易相信这些是"科学的""毋庸置疑的"。后现代理论为解构这些所谓的"事实性"知识提供了一条途径（Wilson，2009）。当然，并不是用后现代将现代的研究取而代之，而是将衰老的生理决定论这种主流解释降级，将视年老为不可避免的衰退、患病、失能、死亡的叙事作为其中的一种，展现老年的多样性和多元性，允许老年人拥有多重身份、资源和选择，以此实现积极老龄化。

第一节　生理决定论

一、身心关系

身与心的关系是西方心灵哲学一直热衷的话题。身与心均为客观存在，身是心的基础，心是身的功能，这对现代人而言似乎是毋庸置疑的事实。实际上，身心的区分并非自古有之，其研究历史不过短短数百年。明确区分身与心始于笛卡尔，自他提出身心二元论以来，身心关系就成为西方心灵哲学的热点问题（周晓亮，2005）。有人指出，后人对身心关系的探索几乎都是对笛卡尔二元论的衍化（柳海涛，殷正坤，2006）。近年来，心灵哲学借鉴计算机科学、脑科学、神经生理学、语言哲学、人类学等研究成果，将对精神现象的研究推进到细胞、原子、电子乃至更小粒子的微观层面，但所讨论的问题几乎都是围绕身心关系展开，身心关系依旧是当今西方心灵哲学的主导话语（周晓亮，2005）。

对身心关系的讨论衍生出五花八门的学说，大致分为两派：二元论和一元论。二元论认定精神实体与物质实体同时存在的合理性（丁峻，崔宁，2003）。二元论可分为强二元论、弱二元论、混合型的二元论、笛卡尔式二元论、非笛卡尔二元论、神秘主义的二元论、泛心论的二元论、感受性质的二元论、意向性的二元论、神经科学的二元论、量子力学的二元论、突现论的二元论、自然主义的二元论等（高新民，陈帅，2021）。在此，我们只介绍笛卡尔的身心二元论。笛卡尔认为身与心存在质的差别，彼此处于并存、平行和不同的时空回归点与出发点（丁峻，崔宁，2003）。他的身心二元论主要表现在：一是心灵实体与物质实体（身体）相对立；二是心灵的属性"思"与物质的属性"广延"相对立（周晓亮，2005）。互相对立的心灵实体与物质实体、"思"与"广延"，各自不能成为对方的依据和解释。心灵并不会随物质即身体的死亡而消灭，因此笛卡尔主张灵魂不死。此外，笛卡尔通过逻辑推理得出结论，物质和精神都是神的创造。另一派是一元论，即身心同一论或心物等同论，认定心理活动与大脑生理结构及功能存在因果关系，身心遵从生命物质运动的共相规律（丁峻，崔宁，2003）。例如，符号主义，认为认知系统存在类似于电脑程序语言的思维语言符号；连接主义，假定心灵的功能就是大脑的功能，心灵等同于大脑，那么就能创立计算机模型来表现大脑结构；动力主义，将心灵的产生比作电力调节器，将认知系统看作是一种动力系统……（柳海涛，殷正坤，2006）。从一元论的内涵可以看出，其中的"一"实指"身"或更确切地说是"脑"。身优先于心，居于首位，是因，而心只是身或脑的产物，是果，随着身的湮灭而消失。显然，这是一种物理主义的还原，用物理的身体（包括大脑）来解释身心关系，将身心关系还原为大脑的结构和功能。

二元论是现代文化普遍的世界观和人生观。人和世界都有心、物两部分，身与心、外物之间互为因果（高新民，陈帅，2021）。自笛卡尔提出二元论以来，二元论便逐渐渗透到西方哲学的各个角落，正如詹姆斯所言："一切学派都同意这一点，无论是经院哲学、笛卡尔主义、康德主义、新康德主义都主张基本的二元论。"（殷筱，江雨，2011）二元论自笛卡尔提出后在内容上几乎没有大的变化，变化的只是论证形式，新二元论不仅内容丰富复杂，具有极强的思辨色彩，还深深地打上了现代科学和逻辑学的印记，带有科学性和逻辑性（高新民，陈帅，2021）。在身心关系上，二元论的影响也根深蒂固。赖尔说："二元论使我们每一个人的生活史都是双重的，一种发生在他体外，另一种则是发生在他心内……前者包括的事件属于物理世界，后者包括的属于心理世界。"（高新民，陈帅，2021）罗蒂也有类似论断："每个人都知道怎样把世界分为心的部分和物的部分。"维特根斯坦曾发出这样的感慨：二元论的幽灵牢牢地钳制着我们大多数人的思想（殷筱，江雨，2011）。

在身心关系问题上又坚持基于一元论的物理主义。上文的"二元论"又称为二分图式、属性二元论，以区别于笛卡尔的实体二元论。虽然人们体会到身与心两个确确实实的部分，但在身心关系问题上，人们仍然坚持一元论的物理主义，而不是笛卡尔的实体二元论。物理主义将自然中的一切事物、性质和关系都看作依赖于、附随于或者实现于物理的事物、性质和关系；坚持各门知识以物理学为基础组成一个解释的等级结构，其中每一个层次的现象都可以由较低层次的现象得到解释，而物理学则是所有这些解释的最终根据（田平，2003）。物理主义是"现时代占统治地位的世界观"，因为人们长期接受的科学教育内化物理学具有完全性的特征———一切结果都根源于物理，只有物理的东西才起作用，才能引起或产生别的东西。以此为前提进行推论，自然就有物理主义作为其结论，如果一切物理结果根源于物理原因，那么所有物理结果、所有起物理作用的东西就都是物理的（高新民，陈帅，2021）。波兰德在《物理主义》一书中指出："物理主义是一种给予物理学以专门特权的统一方案。它的目标是建立一个知识体系，在这一体系中，现实的各个方面都占有一席之地，并且都以某些明确的方式与物理学相关。"（田平，2003）将心灵问题及身心关系还原为身体或大脑的结构和功能，得益于物理学的发展，特别是牛顿力学的广泛应用。用物理原理解释一切生物、社会现象，用力学原理解释人体和心灵（柳海涛，殷正坤，2006），既成为一种时尚，又被当作一种"正确"、一种"科学"。

二、身决定心

在"正确""科学"的物理主义主导下，身体（确切地说是人脑）被当作一个纯生理的物理系统，心则生成于其中。随附性概念和异常一元论主张心理事件就是物理事件，突现理论则提出意识是大脑某种层次上的突现……一切精神事件和过程都是中枢神经系统的事件和过程；精神事件是从大脑系统突现的，是物质的属性或机能；意识从复杂的动力系统中突现出来，不能脱离大脑，不具有纯粹的非物质层次和系统；意识不是物质之外的独立实体或层次，不能独立发挥对大脑的反作用，而是依赖于突现它的大脑神经系统实现对身体的反作用（柳海涛，殷正坤，2006）。人们也对这类理论非常熟悉，即身为心的根本基础，心理是大脑的功能结果，是对外部世界的反映，因此，没有身就没有心，心伴随由碳水化合物组成的肉体的死亡而消失。在日常生活中，每个人都曾体会过"身对心的决定作用"。身体的疼痛带给人们痛苦，身体的愉悦带给人们快乐，而身体患病出现故障或者失能不仅导致心理痛苦，也大大限制了人们日常的行动。于是人们很容易得出结论，身体健康是一切生活正常运转的基础。人们特别是老年人对患病的担忧、对健康的重视大概率都源于这种建构。

这种生理决定心理的理论受当代脑科学研究的影响，进一步被科学化、实验化。维之（2007）指出，视心灵为独立实体的唯心主义和二元论的身心观已逐渐被抛弃，承认心理意识现象为大脑神经系统所产生的唯物论身心观已逐渐成为主流；自然科学在近现代的迅猛发展大大提高了科学精神的威望和信念并使唯物主义观点得到有力证实，科学界也达成了物质世界的因果闭合原则，主张心理现象即大脑神经系统的功能活动的身心同一论就获得了发展和重视。脑科学研究和生物实验表明，神经事件与荷载这些事件的介质或神经组织之间存在相互作用，神经元之间的联结密度超过一定阈限，介质发生跃迁，知觉（意识或心灵）就此产生。因此，大脑神经基础是意识状态的一种物质基础条件（柳海涛，殷正坤，2006）。克里克甚至直接指出，所有心灵行为都根源于脑行为，人的心灵就是大脑操作（柳海涛，殷正坤，2006）。心理学中的认知神经科学研究就是例证，有人将脑神经元与突触之间发生的生化反应等同于心理现象，也有人将脑磁波、脑电、脑血流量等同于感知觉、记忆、思维、语言、情绪、人格等。另有计算神经科学声称，假定只要能满足一定的符号处理要求，机器就可以像人那样思维（周晓亮，2005）。在著名的“图灵实验”中，被试无法辨别与之交流的是人或是机器，由此证明机器模拟大脑结构与功能来创造心灵的可行性。

三、衰老的“身”，年老的“心”

既然“心”由“身”决定，那么一旦“身”衰老、退化、脆弱甚至失能，以之为基础的“心”自然也是一片灰暗。头发花白、满面皱容、行动迟缓……这些“确凿的”证据不断提示人们年老带来的不便和悲哀。对于老年女性，最明确的证据便是停经。女性生理期的结束意味着生育能力的衰竭，正式宣告女性步入老年，停经因此成为女性步入老年最直接的证据（Gilleard & Higgs，2013：viii）。年老体衰、疾病缠身，这是人们十分熟悉的老年，也是每个人都可设想的老年，一个暗淡的未来在临近：乏力无聊、久病慵懒、老化痴呆（Nuland，2007：19）。想到这幅灰暗的图景，不免令人想到死亡。在生命的最后阶段，必然的衰老被刻画，这幅灰暗的图景也成为必然，因为身体衰老是客观的自然现象。

衰老的“身”不仅决定老年人的“心”，还决定老年人的社会行为，引发非老年人对年老的恐惧。巴克曾指出，身体（corporeality）决定了个体的身份，新形式的“具身化”（embodiment）以某些身体特征为标准，将每位社会成员划入某一社会类别和社会层级（Gilleard & Higgs，2013：viii）。对于老年人群，身体的老化特征便是他们成为“老人”、获得老年身份、遵守老年规范的标准，规约着老年人的心理与行为。齐莱尔德和希格斯（Gilleard & Higgs，2013：viii）指出，现在的身体比以往任何时代都更大胆地展现在公众眼前，不仅通过政治力量的渗透，还通过涉及身体的生活方式和休闲娱乐以及大众传媒、艺术、娱乐业、零售业等进行广泛传播……涉身实践选择性地或完全地实现、抑制某种具身身份以及相关的生活方式。例如，老龄政策、退休制度等是规约老年人的典型政治力量（见第五章）。在家庭内部，身体衰老的人无法养家糊口，成不了家庭的中流砥柱，令失能老人的一切生活都蒙上了一层难以抹去的阴影。人们对"何为老""如何老"的躬身实践，反过来又支持人们实现对新的老年身份的认同。鉴于衰老身体决定的灰暗老年生活图景，一些年轻人表达"希望在步入老年前结束生命"，而另一些人则在"何为老""谁已老"的问题上做模糊处理。一个鲜明的例子便是调整年龄与老化的关系来重新定义"中年"。当中年人步入老年，中年生活方式便成为老年生活方式，成年早期的身体通过重新装扮得以复活，于是60岁称为新的40岁，80岁称为新的60岁。这种对衰老的拒绝表达的无疑是对老年的恐惧。

刚步入老年的低龄老人会出现拒老心理（见第一章），例如"人老心不老"表达的是年龄与老化之间的错位，而不是对年老本身的抗拒、否定（见第二章），当老年人感受到"不如当年"，认同"落伍者"和退休者的身份时，就开始臣服于身体衰老的决定性作用，认可身体的老化是客观必然的、人人无法逃脱的命运。可见，生理决定论对老年人的影响之大。另外，人们似乎很热衷主动老化（active aging）的提倡，马拉松长跑的长者冠军、保龄球俱乐部出色的老年企业家等很容易上新闻媒体的头版头条，鼓励老年人帮助成年子女带孩子以减轻成年子辈的负担……这些看似积极之举，难免有强制之嫌，因为这些举措都基于一个重要前提——良好的身心状况特别是健康的体魄。一旦老年人健康恶化、不能自理，他们便坠入责骂、贬损的漩涡之中（Wilson，2009）。如果我们坚信身对心的决定作用，成功老龄化、健康老龄化、积极老龄化等举措注定是天方夜谭。

第二节 生理决定论对老年心理的建构

一、衰老是客观事实

"人老"即机体的衰老、退化是毋庸置疑的客观事实。身体的生理性一直被当作客观必然（Powell & Gilbert, 2009：11）。例如，发展心理学将老化现象视为一个生物学"事实"，认为老化具有普遍性、内在性、进行性和有害性等特点（林崇德，2003：528-529）。奴兰德（Nuland, 2007：21-60）从生理学、生物学的角度列举了人体一系列衰老性变化：基因的自我修复能力随着年岁增长而下降，老年人的免疫力比年轻人、中年人低30% ~ 50%，组织器官出现衰减导致其功能或多或少出现老化，神经化学传递能力减弱导致认知功能下降，大脑的衰老体现在突触数量的减少、神经递质和感受器衰减，老年人的学习速度在减慢（付出同样的努力所习得的知识在减少），记忆在衰减（特别是短时记忆），血管硬化，心脏神经细胞、纤维素减少，毛细血管数降低、管径变窄，心脏阀门变厚和弹性降低，骨质疏松，肌骨弱化，性器官随着年龄增长而衰退，视力、听力下降，皮肤老化……基于生理的衰老，老年人的社会网络缩小、社交宽度变窄、社会关系缩减，出现第一章所说的各种"丧失"。灰暗是这幅图的底色，悲观、无奈、疾病或失能、死亡等则是这幅图的主题。老年期通常被视为人一生中希望最小的时期，与最有希望的青年期相对（波普诺，1999：328）。进入老年意味着身心功能衰退，社会地位与权力几近丧失。这些衰退和丧失都被看作真实发生的客观现实，因为人至老年必然发生的身心衰退是"客观的""毋庸置疑的"。老年人感知觉下降、记忆力衰退、逻辑推理能力减弱等显而易见的"客观""自然"的变化，是年老分类和年老分层的生物基础，这一生物基础决定了社会为老年人群设定了区别于其他年龄群的地位、角色和规范（Riley，Johnson & Foner, 1972: 15-25）。身体衰老的客观性使得对老年人心理与行为的规约成为一种必要和必须。

年龄的必然增长为身体的老化提供了一个"客观"佐证。发展心理学所绘制的生理老化速率图直观地呈现了年龄与机体功能之间的线性关系，似乎为机体老化的客观性和必然性提供了最有力的证据。戈斯登（1999: 69）在《欺骗时间》中指出："老化过程一旦开始，就会遵循一个严格的年龄时间表，这个时间表不为生活环境所改变，具有跨文化的一致性……老化还蕴藏着一种普遍的数学定律，可用数据量化。"生物学提出的老化说，例如胚胎说、遗传说、基因机能学说、染色体学说、自由基学说、葡萄糖焦化学说、荷尔蒙学说、免疫抑制学说、线粒体之损伤学说、长寿基因学说等，都以机体随年龄增长而老化这一客观规律的存在为假设前提，进而寻求此规律背后的原因。不少研究指出，增龄过程就是老化过程，对年龄的体验（personal experience of age）就是对身体老化的体验（Steverink, Westerhof, Bode & Dittmann-Kohli, 2001; Diehl & Wahl, 2010）。那么，在承认时间或年龄为必然增长的前提下，身体的老化也就成为人人不可避免的"宿命"。

将"人老"当作必然客观，根源在于物理主义这一本体论。物理主义是当代意识问题的主流观点，心灵哲学的主要发展线索就是围绕对物理主义的批评和辩护展开的（梅剑华，2021）。物理主义的核心论断是"物理世界是全部世界"，其信条是"一切性质都可还原为物理性质"（肖凤良，陈晓平，2021）。物理主义认为一切事物在根本上都是由物质组成的，都可为物理科学所描述和解释，因此一切问题即便是最高深的心灵问题都可还原为物质的物理解释。而且，世界上任何事物的存在都由物理学来决定……世间万物分为社会群体、生命体、神经元、细胞、原子、微观粒子六个层级，所有这些层级上的事物归根到底都是基本的物理事物，都可还原为基本粒子，由基础物理学来描述和解释（梅剑华，2021）。人的意识／心理问题定位于组构人的物质基础——身体，确切地说是大脑，作为高管的"大脑"最重要的是大脑皮层，心理问题最终可还原为神经元、突触、神经递质及其发生的生化反应。弄清大脑这个"暗箱"的生化反应及运作机制，就能把握复杂的心理问题。当神经元、突触和神经递质衰减，整个机体的组织和功能出现弱化，心的"衰老"则成为客观必然。

"衰老是人人难逃的客观事实"被当作一种正确的反映。研究大脑皮层的生化反应显然属于自然科学，于是自然科学的方法也就理所当然地成为从微粒层面揭示心理或意识本质最为可靠合法的方法。得出的结果自然而然地被奉为"大写真理"。正如金在权在《几乎为真的物理主义》中所言："虽然物理主义还不能探究意识现象的内在本质，但物理主义已是足够接近真理的学说。"（梅剑华，2021）当这种"反映"一旦戴上神圣的"科学"光环，便可凭借"真理效应"悄然进入人们的日常生活，并占据一席之地，再通过世俗化、常识化渗透到社会生活的各个角落。当这种"反映"成为人们认识和理解老年的主要资源，伴随年龄增长感知到、体验到衰老就成为一种客观和必然。步入老年阶段，人们"确实"体验到各种生理指标在不断下降，生理状况的衰退呈进行性加速。霍尔曾言："你不是在长大就是在衰老。"身体的衰老已然成为不可回避的事实，任何人都逃脱不掉的宿命。反过来，诸如健忘、耳聋眼瞎、与青年文化的距离感（"落伍感"）……被统称为"老年时光"的日常体验，为人们提供直接经验性的证据（Eibach, Mock & Courtney, 2011），使人们更加确信"心老"的科学性和真理性，从而引导老年人去关注和聚焦身心各方面的衰退、丧失，让老年人在岁月中感到自己不断衰老。

二、疾病是衰老的必然结果

衰老既是必然，身体健康故障、罹患疾病似乎也具有普遍性和必然性。正如第一章的受访者所言，老年人的身体好似一台破旧的机器，必然故障百出。有人说，这已成为不争的事实（曾宪新，2010）。尽管有研究提出病残压缩理论与病残扩展理论存在混合协同效应来挑战这种"事实"（曾毅，冯秋石，Hesketh 等，2017），但经欧美（Matthews, Stephan & Robinson, et al., 2016; Satizabal, Beiser & Chouraki, et al., 2016）、瑞典（Parker & Thrslund, 2007）、日本（Dodge, Buracchio & Gwenith, et al., 2012）、中国（Liang, Song & Du, et al., 2015; Wu, Lee & Norton, et al., 2014）等地的调查分析，结果均支持这一"事实"。有人提出与健康老龄化相对的概念"病痛老龄化"，认为这是中国当前的现实和状态，处于奥姆朗的第三阶段退化和人为疾病期（夏翠翠，李建新，2018），取代以传染性、感染性疾病为主导死因的大瘟疫与饥荒时期（郑晓瑛，2001）。衰老导致的疾病中慢性疾病最令人恐惧，老年人是慢性病发病率及由此导致的死亡率、失能率最高的人群（戴卫东，2015）。曾有研究者断言：慢性病已成为影响老龄健康的主要因素，无疑将会成为未来进入老龄阶段人群的重要健康冲击（余央央，风进，2017）。各种调查研究结果不免令人担忧：例如，在 8811 万名 65 岁以上人群中受 6 种疾病（脑血管疾病、恶性肿瘤、心脏病、糖尿病、高血压、呼吸系统疾病）侵害的在 2000 万人以上（王建生，姜垣，金水高，2005）；74.20% 的老年人至少患有一种常见慢性病（崔娟，毛凡，王志会，2016）；老年组（65 岁及以上，73.8%）的慢性病患病率是中年组（45～54 岁，29.5%）的 2.5 倍（高瑷，原新，2018）等。虽有研究（于学军，1999）得出老年慢性病患病率与年龄呈负相关的结果，但经回归分析发现，这种关系只存在于 74 岁之前，75～79 岁之后仍呈正相关。对于疾病，特别是致残、致死、致贫的慢性疾病，老年人几乎是谈"病"

色变。因为老年人罹患慢性病被解释为自然规律使然。例如，有人解释是与机体衰老相关，进入老年后人体组织结构老化、各器官功能弱化、抵抗力衰弱、免疫能力减退、活动能力降低、协同功能下降等是自然规律，身体自然进入疾病高发多发期；老年疾病多发是身体机能退化的自然反应，是自然规律使然（高瑗，原新，2018）。在"自然规律"面前，人是无能为力的，只有"任其自然"。

生物医学理论直接将衰老当作一种"疾病"。在老化的研究与实践领域，生物医学模式是最权威的理论，强力影响着"老化真实"的界定（Powell & Biggs，2000）。该理论假设，衰老是机体内固有的生物属性，具有自然的跨文化特性，机体随年龄的增长必然走向老化，从而使衰老成为个体增龄过程中唯一"正确的"表征。老化的生物医学化将衰老等同于疾病，将其当作病理问题或变态问题对待（Powell，2001）。人的衰老被视为不理想的身体状态，被标记为病态或疾病，被建构为像疾病一样需要治疗的医学问题——"医生希望有一天能拿得出办法来对付它的问题"（拉斯奇，1988：225）。而鲍威尔和吉利贝尔则批评道，对衰老的生物医学化不是一个客观的科学过程，而是一系列当地的、国家的、全球的政治政策交织的结果，是它们界定了"衰老"的本质，设定了衰老概念、老年人群、老年照料者、各类专业服务、疗养院的企业家、世界各地的药物公司、州县的疗养机构，以及政策分配的资源（Powell & Gilbert，2009：10）。生物医学理论持续将"事实"问题化，将年龄增长过程描述为不断地衰弱、退化的过程。正如亚瑟·弗朗克所言："生物医学在身体的界定、表征和反应中扮演最重要的角色。人们对身体的直接体验和间接解释都逃脱不了生物医学的藩篱。"（Powell & Gilbert，2009：10）生物医学理论不仅建构了充满病痛的老年，还将自己塑造成生理衰老的"救世主"，利用生物医学技术通过阻止、掩盖、中断老化过程来重构身体。生物医学理论建构着生理必然衰退的科学叙事……

若对身体进行医学管理加以药物治疗，人们就不再依赖他人，因此关键
在于掌握先进的医学技术，为病人造福。可见，衰老在医疗领域不断被
商业化。威尔森（Wilson，2009）指出，长期治疗的慢性疾病是医药行
业维持兴起的基石……自我治疗服务，或直接购买，或网络购买，被医
疗行业着重扩大，被当作一条强制规定写进了医疗处方。尽管药物能够
挽救生命，提高老年人的生存率，但却很难看到医药对老年生活的提升。

　　然而，像衰老这样的"疾病"是每个个体必将面对的，它类似于慢
性病随时间的流逝只会恶化不会消失，像老年人这样的"病患者"就只
能深陷于病痛和污名的漩涡而无能为力。既然衰老这一"病症"无法医
治，那么老年人不受职业领域的待见、被年轻人群驱至社会边缘便成为
理所当然（Powell，2011）。由此，年老则意味着依赖、失控、失能、被
排斥、遭抛弃。这种通过医学界定、医疗管理和疾病治疗的方式，便成
功地将老年人群边缘化（Powell，2001）。这就是人道主义者坚持认为老
化是一个社会范畴而不是一个生物范畴（拉斯奇，1988：225）的原因。
老化的生物医学化，表面看来是建立在希望之上，但实际上是建立在
对机体腐烂这一前景的强烈反感之上，视老化和死亡为"强加于个体之
上"的东西，是某种"人们已不再甘愿接受"的东西（拉斯奇，1988：
225）。显然，生物医学理论建构的"衰老"是一种贬抑老年的老化。
这种贬抑老年的老化是老年不平等（Tsuchiya, Dolan & Shaw, 2003；
McLaughlin & Jensen, 2000）、老年人受到偏见和歧视（Kite, Stockdale &
Whitley, et al., 2005；Nelson, 2009；成梅，2004）、老年人作出否定性
自我评价（Cokerham, 1987）的主要原因。

　　在生物医学理论的钳制下，老年人一旦患病，追求健康、祛除疾病
当属自然。拉斯奇（1988：4）曾言："在当代西方社会里，精神治疗
已取代宗教成为人们供奉的神祇，人们不再追求个人的拯救与解放，转
而追求个人的健康与安全感。"上古文化从巫术和宗教的角度将病因归

结为鬼魂附体或"罪"；在现代文化中，科学和理性战胜了巫术和宗教取得疾病领域的话语权，将疾病视为人体内导致偏离"正常"状态的故障（吉登斯，2009：183-184），或者像第一章的老年受访者一样视患病为"依赖"。将疾病看作"罪""故障""依赖"，表明人们对待疾病的贬抑态度，疾病因此被强行压制，成为清除的对象。一旦得了病，人也一同受到贬低，乃至遭到污名和歧视。在褒"健康"贬"疾病"的社会文化背景下，向往健康、回避疾病则属必然。然而，健康与疾病的对立共存，与人们向往健康、回避疾病的愿望相悖。若用德里达"二分法"来分析，倘若健康与疾病相对，那么对"健康"的承认就是对"疾病"存在的默认，二者互相界定、互相依存。一旦离开了"疾病"，"健康"的意义也顿时消失，反之亦然。人们趋"健康"避"疾病"的普世取向，使"健康"获得了特定的优越性，使"疾病"处于一个相对劣势的地位。换言之，二者以前者压制后者的方式得以共存。在我们赞颂和追求"健康"时，"疾病"被边缘化了。从这个意义上讲，我们所追求的"健康"完全依赖于对"疾病"的压制而存在。而那种寄希望于消灭疾病以获得完全健康的尝试终将归于徒然，因为在祛除疾病的同时，健康也一并被清除了。

实际上，健康或疾病不仅是一种生理状态，更是一种社会现象（Lorber & Moore，2002：1）。它虽位于躯体之内，但作为一种社会体验又超越于纯粹的生理或躯体。有研究显示，健康和疾病在总人口中呈现出的阶层梯度分布与社会文化和经济模式相关联（吉登斯，2009：182）。无论是对"正常"或"偏常"的医疗诊断，还是人们对疾病所导致的生活混乱的解释，都深受其所处的社会背景及该社会所承载的文化价值的影响（Lorber & Moore，2002：6）。于是，解构加诸疾病之上的痛苦、负担、无能等文化意义，进而重塑人们对健康或疾病的定义、解释、态度和价值取向就成为可能。有研究者向一位贫困社区的家庭主妇问及"何为生病",其回答是:"我希望我知道你所谓的'生病'。生活如此窘迫,我倒希望哪天突然倒下沉睡不起。无奈孩子需要照顾,家里也没条件看医生,你说我怎么能病倒呢?……再说你怎么知道你病了呢?一般人生了病可随时上床休息,但我可以吗?即使我想,我也不能。"(Lorber & Moore, 2002:1-2)在这个例子中,若将生病定义为"可随时上床休息"的话,那么对于像她这样的家庭主妇来说就不存在"生病"。也就是说,疾病不发生在她的生活中,因为她不能"生病"。

三、死亡是老年的最终归属

死亡是任何生命个体衰老的必然结果。这似乎是一个毋庸置疑、不证自明的命题。死亡是任何生命的最终归宿,无法超越。德格尔(1999:310)曾言:"'此在'的终结乃是最本己的、无所关联的、确知的而作为其本身不确定的、超不过的可能性。"尽管人类文化创造了宗教、神话、哲学、科学等来宣泄、缓解、升华心灵深处对死亡的恐惧与不安,但这种超越所能达到的始终只是一种主观精神的超越,死亡造成的肉体生命的毁灭的悲剧依然是人类不得不接受的残酷现实(何显明,1993:46)。面对死亡的必然性,老年人的普遍反应是"不想死"。老年人"不想死"表达的是对生命的不舍和对死亡的恐惧。在没有任何超越此岸世界通达彼岸永恒幸福生活的宗教信仰又奉行实践理性精神的国人看来,肉身湮灭无疑是对自身彻底的、绝对的、永久的消亡。肉体生命作为享乐的根基伴随死亡而泯灭,显然是对整个个体生命的完全否定和彻底终结。在具有毁灭性的死亡面前,人们惊恐万状、惶惶不安的种种恐惧与焦虑表现以及由此产生的恶死心理便不难理解。

心灵以身体为物质基础,当身体开始腐烂时,心灵或者整个自我也就随之消失。现代文化是典型的自恋主义文化,主要表现为贬低过去的经验、历史和丧失对未来的兴趣。现代人早已把过去等同于过时的消费方式，等同于被摈弃了的时尚与观点而加以蔑视……贬低历史已成为现代文化危机最典型的症状之一；现代人的历史时间感已发生变化，他们对未来毫无兴趣，既不想繁衍后代，又渴望永葆青春，一旦想到终究会被替代、归于死亡就无法忍受（拉斯奇，1988：6-7，228）。于是，"当下"便成为现代人生活的重中之重。"当下"总是"我"的当下。在"我"的享乐、"我"的价值、"我"的生存的浸染下，关切自我、关怀自我的重要性自不待言。当"我"成为个体生存的唯一中心，其生命存在成为生活的唯一目的，人对自身生命泯灭的恐惧也就变得日益深邃了。由此，人们自然萌发对长寿、永生的追求和渴望。人们对消灭老化、延长寿命和生命不朽的企图和渴求，恰恰反映了人对自我永恒的贪婪。俗语"好死不如赖活着"便是典型例子。正如汤姆·沃尔夫批判的："现代人似乎既过着其先辈的生活，又过着其后代的生活。"（拉斯奇，1988：5）对毫无历史感又对未来（后代）丧失兴趣的现代人而言，对自我的膜拜必然导致人对个体生命消亡、遁入完全空无状态而产生极端的恐惧和焦虑。

肉身的死亡使自我的此世享乐不再可能。既然自我是个体生存的中心，身体之死又是难逃的终极归宿，关切当下，在有限的生命时间内享乐，"今朝有酒今朝醉，明日有愁明日忧"成为当下盛行的生存选择。尽管儒家传统强调人的生存意义在于在"功、德、言"方面实现"修身齐家治国平天下"的社会价值，即使在动荡不安、充满疾苦的近现代也倡导过"为革命事业献身"的人生价值，但这些价值观仅限于有宏大抱负的儒家士大夫和忧国忧民的知识分子。对于大多数普通人来说自然很难奢谈什么人生价值。人若有价值，也仅限于"生存"本身，或者拔高一点就是回归自我、享尽世俗之乐。执着于"我"之生以及生之乐，促使注重实践理性的国人打消对死亡的形而上的思考与感性体验，转向对眼前世俗生活的感官享受，因为思考"死"有百害而无一益，只会给现世生活徒增忧愁，还影响在此岸的世俗享乐（何显明，1993：26-27）。

第三节　积极老龄化：身心二分到意义建构

一、身心二分是一个伪命题

"身决定心"的还原物理主义并非唯一正确的解释。尽管现在的科学技术已窥得意识如何从神经元、突触、神经递质之间凸显出来，未来更先进的技术或能从更细小的微粒层面（如电子、量子）作出解释，但这一逻辑永远存在一个问题：脑过程无法等同于意识过程，意识过程也无法完全还原为神经电化学事件（维之，2007；梁海乾，潘元青，杨树源，2008）。没有神经冲动发生就不会有意识的产生，这是目前公认的看法。但是也存在不少的生理事件却没有产生心理事件的案例。简言之，生理事件无法与心理事件一一对应，无法确定身与心之间的因果关系，也就无法证明心理或意识由身体或生理决定。另外，心理对生理还存在反作用。例如，表象运动的行为效应，心理功能对生理结构的能动反作用，行为遗传的"获得性"问题，脑与行为心理的文化传承性等（丁峻，崔宁，2003）。针对物理主义的核心命题"一切都是物理的"，高新民和陈帅（2021）指出，这个命题本身不是物理主义，如果说一切都是物理的，那么"一切"中就包含非物理的……如果物理的完全性原则是对的，那么非物理的东西就不会引起物理结果的可能。根据这个原则和逻辑，心理对生理产生反作用，说明心理必须是物理事件。于是，这又回到二元论的立场。

为解决这些问题，便发展出其他理论学说，有整合、中和取向的，也有另辟蹊径的。例如，二元论的唯物主义既承认心理与物理的客观实在性，又坚持只存在一个物质性的宇宙，认为心理与物理存在必然的、本质的或结构上的联系，这种联系来源于宇宙本身（殷筱，2012）。但是蒯因批评道，这种身心关系的实体二元论者不仅承认心理状态，而且承认身体状态，并将心理状态归于心灵，身体状态归于肉体，这显然违背了威廉·奥卡姆的"如无必要、勿增实体"的节约原则（殷筱，江雨，2011）。麦金（2014）则另辟蹊径，指出人们无法获得关于大脑（或意识）之自然性质的某种概念以说明心理状态对身体的随附性和依赖性，是因为人们的认知封闭性造成的，是人们的认知结构限制了认知能力，使人们构造概念和发展理论的方式决定了人们不可能理解身决定心的因果关系。麦金的解决方案认为，应该认识到神秘感是出自人们自身而非自然世界……需要发展出一种真正独立于人类认知能力的实在观（一种形而上学），才可能让人们拥有心灵并思考心灵与身体之间的关系。

要解决身心问题，还得回到笛卡尔二元论上来。正因为笛卡尔构造了心灵与物质，才有了后面一系列的身心关系理论与假说。倘若我们否认心灵与物质这种二元划分呢？或者，将心灵与物质的划分当作两种符号，就像数学中的数字，或许人们就不会被一元论、二元论……搅得头昏脑涨。例如，中国人的身心关系主义是一元论基础上的多元主义，即一元整体观（高新民，陈帅，2021）。它反对把人分为身与心两方面或两个世界，但这不妨碍对身心关系的探讨。一元整体论认为人是多元复合体，由包括身心在内的多个部分、多元因素所构成……万物都来源于气，以气为本原（一元）。人同万事万物一样通过阴阳五行组成一个包含多元因素构成的统一整体。高新民和陈帅（2021）指出，心物二分的区分是令人费解的，把心物并列起来，将物理的东西和心理的东西的对立当作绝对的对立，是一个范畴错误，二元论犯的正是这个错误。简言之，身心二分是没有道理的，不能对人或世界做身与心的二重划分。维特根斯坦也批评说，身心问题是一个没有意义的伪问题（殷筱，江雨，2011）。

二、心对身的决定作用

身体不仅是一副由碳水化合物组成的肉体，而且是一具有意识的处于动态变化的身体。身体是什么？人们可能简单地回答：现存的、活生生的、真实的、可感知的。身体哪怕是一具"衰老"的身体也总是处在变化之中，各个器官组织的细胞在死亡、分解、再生，因此身体是一个未完成的工程，永远处在动态变化之中（Powell & Gilbert，2009：1-2）。如果身体决定心理，那么心理也处在动态变化之中，有喜有悲、有酸有甜。甚至，人们还可以运用先进的新技术来改变身体，例如化妆、整容术可以改变体貌，从而改变人的心理和行为。费瑟斯通和韦尼克说："身体不再是一具肉体，信息科技不仅更新了人们对身体的认识，还实质性地改变了身体的生理结构。"（Powell & Gilbert，2009：12）身体通过再次塑造、重新制造，与机器合为一体，用科技掌握身体的运作，使心理功能得以增强和延展。正如希林所言，对身体的认识越充分，人们就越能管理、改变和质疑年龄规范，理解老年偏见和老年歧视如何界定和限定老年的身体（Powell & Gilbert，2009：12）。

衰老是一个赋予生命意义的具身化过程。相较于实际发生但对人无影响或干扰小的生理变化，那些为个体意识到、感知到、体验到的变化可能更重要。极端的例子可见于疑难病症。后现代老年学的"年龄面具"提醒我们，身体的外表、样貌及机能与内在/主观的心理体验存在差异，对老化的心理体验于老年人更为重要（Powell & Gilbert，2009：1）。近20年来，主观老化越来越受到研究者的关注。主观老化是指对自身变老的认识，该领域的研究主要涉及老化感知、老化体验、老化态度等主题（Diehl，Wahl，Brothers & Miche，2015）。主观老化并不像生理方面发生的衰退性变化（如生白发、起皱纹、器官衰竭等）无法改变、不可重塑，它具有极大的可塑性，对老年人有更重要的意义。老年心理是指对老化的认识与体验，不是老化现象本身。即便是医学专家鉴定的

"客观"的老化也须经过老年人的认可才会产生影响。罗伯特松、萨瓦、金-卡利曼尼斯和肯尼（Robertson, Savva, King-Kallimanis & Kenny, 2015）的研究发现，心理状态是预测生理性老化的直接变量。消极老化感知是导致生理机能降低的一个危险变量，积极老化态度对生理性老化有显著的积极影响（Shenkin, Laidlaw & Allerhand, et al., 2014），自尊和控制感也可以有效地缓冲日常活动频率降低对老化知觉的消极影响（Sargent-Cox, Anstey & Luszcz, 2012）。鲍威尔和吉利贝尔（Powell & Gilbert, 2009：12）指出："老年人除非病倒，否则感觉不到老……忽略活生生的身体，就体验不到衰老。""不老"的自我认同具有高度的灵活度和包容度。年轻时获得的身份和自我并不会因步入老年就顿时消失（Wilson, 2009）。现代老年医学研究指出，即使已步入老年、身患重疾、接受各种治疗、不能自理的人，哪怕已经认同自己年老，也可以看到自己"不老"的方方面面；身患疾病、残疾失能者也可以看到"健康的身体"从而认同"不老"的自己，那些失去自理能力、完全依靠他人的老年人也可以在某些特定的情境下或"衰老"的刻板印象无法印证时看到"不老"的自己，例如给期刊杂志撰写稿件的耳聋老人、卧床老人。另外，基于经验研究的现代老年理论所刻画的老年身份，人们可以自由地选择，而不是被强加。例如，"年老"可等同于"自由"，不用承担社会、家庭的重任，给年轻人让位，不用朝九晚五地工作，可以整日躺平卧倒；年老也可看作智慧的象征，接近上帝的怀抱……这些虽不太流行但却是毫无疑问的存在。有人说："我愈加感到与过去岁月的联结感，对眼花缭乱的社交活动顿感无趣。"（Powell & Gilbert, 2009：1）一个老年人可能不太青睐物质的东西，更向往的是宁静平和的生活，深刻的孤独体验变得愈加重要。感受与宇宙万物的链接，重新界定时间、空间、生命和死亡……这些才是老年的意义。因此，年老不应该像生物医学理论所刻画的不断衰退的过程，而应视作一个富含各种可能的动态过程。

心理对身体具有能动的反作用，从这个角度讲，心理也能决定身体。奴兰德（Nuland，2007：23-60）从生理学、生物学角度详细论述了身与心的关系，提出通过改变心理可以重新塑造身体，身体的衰老自然损耗是一方面，更重要的在于人们的关怀和养护……即使是那种"不可避免"的衰退（基因决定的）也不是那么"必然"，那些"必然"的衰退通过每日的调整和滋养可以得到更改、重塑。奴兰德指出，无论是动物还是人的"老化"都难以用具体指标进行界定和测量，但所有老年学家（即那些研究年老的科学家们）都一致假定年龄增长就是一个衰老、退化的过程，身体机能不断下降，修复能力不断弱化，人就容易患病，最终导致死亡。影响某个男性／女性老化的因素，是器官、组织还是整具躯体的原因，或者是细胞和细胞分子的原因，都不得而知。奴兰德将影响老化的因素分为两方面：一是内部基因；二是外界环境中自然的磨损老化。包括细胞内部及细胞周围环境、身体内部以及身体周围的环境，如饮食、电磁辐射、空气污染、吸入的有害物质（如尼古丁），特别是心理压力。环境因素不仅影响基因，还影响蛋白分子、生化反应、细胞功能和器官运作，其中任何一方面，即使是那些最生物的生理机能，人们都可以有所作为。

　　长寿基因无法决定寿命长度。生物医学理论告诉人们身体由 DNA 构成，基因决定人的身体构造和生命长度。拥有长寿的基因，一个人活的时间可能较长，但并不能担保一个人长寿，因为基因是任意组合和匹配的，它根据内外部因素进行基因表达。拥有长寿基因的家族成员可能早夭也可能老死。大量研究表明，积极活动水平与寿命长度成正比，能有效提高对老化的免疫力。

　　老化研究最显著的一项结果是身体的个体差异，同一岁数的两个人，像大脑、肾脏、免疫系统都存在巨大的差异，一个人很可能比另一人更老。这些差异一部分来自基因天然修复能力上的差异，更大部分来自不同个体的生活方式、所处的环境以及对健康的关注程度。人们习惯从细胞分子、遗传基因方面去寻找健康长寿的原因，殊不知细胞分子和遗传基因却深受日常生活的影响，包括饮食、锻炼、有害物质、药物治疗等。又如免疫系统，尽管多数老年人的免疫力比年轻人、中年人低30% ~ 50%，但是老年人提高免疫力的能力跟非老年人一样，包括加强营养、戒烟戒酒、居住在健康安全的环境等。

养护是抗老的良药。大家知道一台手机的良性运作在于使用者对它的养护，人的身体亦是如此，生物性无法决定一个人的命运。例如，有研究证明肥胖是由DNA决定的，但我们也很清楚生活方式起着最终的决定性作用。"养护"虽不能创造一部新手机，但却可以拓展某部分的机能，从而提升整个机体的功能。这就是为什么如今60多岁的老年人比半个世纪前的六旬老人看上去更年轻。"养护"的另一方面是预防与自我提升。人体有75万亿个细胞，当它们发生错误时，不论是基因还是环境磨损导致的，机体都会自动进行修复。我们可以想象年轻时的机体具有强大的自动修复功能，到了老年这种自动修复能力变弱了，需要依靠人工修复。如果人们知道机体作用的方式，就可以更改这种天然的修复能力，例如那些有助于强化细胞对抗老化的能力的生活方式和环境因素。

大脑对老化的影响也颇为显著，证据有认知和行为方面的数据，还有神经元、突触的结构和功能以及中枢神经系统各个分区之间复杂的连接网络方面的成果。令哲学家冥思苦想的心理成了天赋异禀的科学家的实验对象。实验结果证明，心理不再只是大脑的功能，它还深受躯体及所处环境的影响。换言之，大脑、躯体和对环境的感知［生态位（the econiche）］共同决定了人们的心理。随着年龄的增长，人们与环境的互动愈加深刻、复杂，累积的知识、经验进入大脑形成一个超级网络，越是年长，大脑纳入的信息越多。不少研究表明，心理能够补偿器官衰老丧失的感知、学习、整合和使用信息的功能。从这个角度讲，

　　大脑或许会老化，但心理却一直在持续增长，一个年老的大脑是一个更加有用的大脑，一个更加聪慧的大脑。

　　一些器官的功能或多或少会出现老化，但排除神经性疾病和其他并发症，身体的丧失要比老年研究所假设的少得多。40岁以后人的大脑的重量和体积每隔10年大约下降5%，但有些脑区的衰减并不会导致器官或组织失能，因为是某些起支撑作用的组织和神经纤维周围的绝缘体而不是细胞的体积导致了脑重、脑体的下降，所以5%的下降并不是一个清楚明确的结论，需要进一步探究和分析。

　　不断有老年研究证明人体的组织或器官在衰减。实际上，脑细胞的总数在健康老人身上的下降是微乎其微的，认知功能的下降不是因为神经元数量减少，而是因为神经化学传递能力在减弱，而传递能力衰减是因为蛋白摄入量少和新陈代谢率低导致了大脑供血不足。即使是脑细胞数量减少也不会影响心理功能，因为科学研究证明大脑有足够多的细胞、纤维来保持心理功能的正常运作，而且神经细胞之间的连接通常不止一条，而是完全不同且相互独立的数条，所以失去一些脑细胞意味着人们要选择另一条人生道路，仅此而已。

　　大脑的衰老还体现在突触数量的减少。某些区域减少的突触可由以下因素得到补偿：功能强大且更有效的突触连接，神经活动频繁要求突触数量增加、体积增大，不同的连接模式导致不同的突触结构。换言之，某些脑区突触减少并不会导致其他脑区的突触减少，相反，很可能引起其他脑区突触数量增加。其实大脑时时刻刻都处于动态变化之中。同样地，某些神经递质和感受器可能随年龄增长而衰减，有些可能会增加，使中枢神经的功能有些减弱，有些增强，有些保持不变。脑细胞减少常常伴随新细胞的生成而得到补偿。简言之，脑功能具有自动补偿和平衡的能力，使一些功能衰减而另一些功能得到强化。

　　的确，老年人的学习速度在减慢，付出同样的努力所习得的知识也在减少，但是理解能力和分析能力并没有发生多少变化。

正如弗兰西斯·培根在 300 年前所言："年轻人在于创造而非判断，在于管理而非咨询，在于开发新项目而非固守模式化的事业。"老年人的反应时确实在延长。但日常生活中对于反应时的要求仅限于一些特定情况，例如超过 70 岁的老年人可能更适合乘坐而不是驾驶。实际上在大部分的日常生活中，几秒的反应时差异并无多少意义。

老年人的记忆在衰减，但衰减的只是短时记忆，长时记忆包括语汇与文化的记忆并未出现衰老的痕迹。有研究显示，八九十岁高龄者的记忆力与年轻人一样好，说明他们的脑功能还保持在一个较高的水平。

如前所述，神经回路的活动量决定了神经细胞的数量，这不仅意味着死亡的、受损的脑细胞可以得到修复，也说明新的神经元数量在某些脑区会繁殖增加。既然神经元的数量取决于脑活动，那么使用大脑、增加脑的活动量就能增加神经元的数量、增强神经细胞的功能。所以，每日做些益智的脑力活动有利于脑功能的维持。脑蛋白的繁殖不仅受脑回路的影响，还受到有氧运动的作用。慢跑不只是消耗卡路里、保持心血管健康，还能有效提升智力，与阅读亚里士多德著作的效果一样。慢跑、阅读、思考等任何一种活动都影响着大脑的老化和正常运作。

生活习惯是心脏和动脉健康的决定性要素，包括众所周知的饮食、肥胖、吸烟、锻炼、胆固醇水平和性格特点，慢性疾病如高血压、糖尿病也尤为关键。毋庸置疑，血管硬化、心脏神经细胞及纤维素减少、毛细血管数降低和管径变窄、心脏瓣膜变厚和弹性降低、骨质疏松……有规律的锻炼特别是有氧运动这一抗老药方，胜过任何灵丹妙药、奢侈水乳、整容手术。年老的身体虽不能像年轻时一样轻松应对各种应激事件（如赶火车、突如其来的焦虑和愤怒），但个体之间存在巨大差异，且在常态生活中能够持续正常运作。

老年肌肉骨骼的维持、重建很大程度上取决于社会期望。如果人们普遍认为老年人就应该安静地坐着，肌骨弱化就是必然的结果；反之，如果认为老年人应该充满激情地参与各类事件中，肌肉就会紧实，骨骼也会强健。对老年的期望就变成了自我实现的预言。

不论男女，性器官随着年龄增长而衰退，关键是老年人是否满意。对于性之乐趣，西塞罗曾言："老年终于摆脱了性趣这个理性的天敌，因为它遮蔽了心灵之眼。"但我们更愿意采纳莎士比亚在《哈姆雷特》中表达的观点："东西本身无所谓好与坏，是我们使它变好或变坏。"

老年人的视力、听力在下降，皮肤在老化……有研究表明，吸烟和光照是主要因素，因此戒烟、防晒是关键。肾脏问题多由高血压、糖尿病等慢性疾病和重病导致。尿频、尿不尽与生育多孩有关，肠胃问题也是因为运动少、水和纤维素摄入不足、不注意护理，老年人体温低主要是因为运动少、不活动，所以最好的解决办法是"不服老"。

奴兰德总结道："科学家们所知道的身体老化远比有待探索的少得多，许多身体的老化仍是未解之谜，就像生命这个大谜团一样。对于衰老，尽管存在诸多不确定性，但非常确定的一点就是养护。身体的疾病、生理的老化很多方面虽无法完全控制，但我们自己对身体产生着巨大影响，不注意这些影响，寿命就会缩短，失能、疾病、死亡就会来临。"150 年前奥利弗·韦德尔·霍姆斯曾言："人不是因为衰老而放弃锻炼，相反，是因为放弃了锻炼而变得衰老。"（Nuland，2007：21）良好的生活方式能够有效地缓解衰老、减少疾病、延长寿命，而生活方式是我们每个人都可以掌控的。

不仅心理能够决定身体，社会文化也可决定身体。鲍威尔和吉利贝尔（Powell & Gilbert，2009：12）曾形象地说，身体好比一张羊皮纸，上面写着性别、年龄、性取向、种族，还有各种地点、空间的装点。因此，身体不只是一具由碳水化合物组成的肉体，还是浸染于特定社会历史文化中的一副活生生的身体。老年现象学研究者指出："身体若分为术前、术中、术后的身体，你即便亲眼所见也无法回答它应归入哪一类别。一旦丢弃你熟悉的文化观念，肉眼所见的躯体你也无法读懂。"（Powell & Gilbert，2009：11）社会文化是如何让一个人的身体更"衰老"的呢？社会习惯认为60岁以上的老年人身心状况不佳，于是形成类似"老年人就应该是安静的、不活动的"刻板印象，符合这些标准的老年行为受到鼓励，而那些"反叛行为"如浓妆艳抹、着装艳丽、举止活泼则遭到抑制。所谓"用进废退"，"安静的"老年人身体机能便停滞了，肥胖、骨质疏松、高血压等各种慢性疾病随之而来。因此，人们不仅要给身体这台机器缝缝补补、添油加料，还包括一个持续更新自我、创造自我的社会过程（Powell & Gilbert，2009：2）。人们可通过社会文化积极地建构健康的生活方式，从而构筑一个健康的身体。格根夫妇（Gergen & Gergen，2002）指出，把自然的老化定义为一种"生物性衰退"是历史文化的产物，是在某个特定时期由特定的文化价值、社会信念所导致的结果，没有所谓的"自然的老化过程"。将"老化"这个概念视为文化的副产品，思考其承载的价值、生成的体系、包含的逻辑，人们或将受益良多。通过这样的解构，人们就可进一步丰富老化的概念，从而自由地重新界定所谓的"生物性衰退"。例如，"慢下来"必然就是衰退吗？如果人们用开放式的眼光来看待这样的身体变化，"慢下来"意味着安静，这难道不是晚年的一种新生活吗？

三、衰老并不一定致病

衰老固然会增加某些疾病的患病率，但疾病并非不可避免。衰老本身不是疾病，只是某些疾病的危险因素增大而已（Nuland，2007：24）。例如，中风是一种病理性疾病，并不是衰老的必然结果，而是个体的日常习惯与所在的环境、家族病史等因素相互作用的结果。而且，并非所有八九十岁的高龄老人都会中风，身心健康的耄耋老人也不少。正如奴兰德所言，即使是纯生理疾病，人们也可有所作为，中风也可以预防。痴呆症、帕金森病、冠状动脉心脏病、癌症、憩室炎、骨质疏松症等病理性疾病，老年人的易病性虽比年轻人高，但它们并不是人体衰老的必然结果。无疾而终的长寿老人并不少见，他们的机体虽不再年轻力壮，哪怕是机能丧失，甚至出现失能残疾，但这些因素并不影响他们享受丰富多彩的生活。

即使是老化或患病乃至罹患重病，向医疗专家寻求救治、恢复健康这些惯常做法也只是应对的一种方式。难道患病就只能求助于专业医疗机构吗？生物医学理论的核心要点表现在四个方面：（1）身与心是有本质区别的两物，药物只对身体产生作用；（2）身体可理解为一台机器；（3）科学能够证明药物是有用的、可信的；（4）生物医学的治疗具有优先性（Powell & Gilbert，2009：10）。这些要点与其说是生物医学理论的核心逻辑，不如说是该理论的缺陷与不足。身与心的实体存在问题前文已有讨论，此处不再赘述。姑且不论身体的机器隐喻是否恰当、药物本身是否可靠有效，生物医学既然只能对"身体"有所作为，如何证实身体患病只是躯体的原因而不是心理、社会的原因呢？如何证明疾病的治愈是药物、治疗技术的作用而不是心理、社会、环境的作用呢？既然如此，如何证明生物医学的治疗具有"优先性"？生物医学的治疗同循证疗法、中医疗法、日常疗法、写作疗法等治疗方式一样，均是患者寻求治愈的一种可能途径。基于还原逻辑的生物医学理论只关注生理的躯体，却忽视了赋予身体生命的人以及人所在的生活世界（Powell & Gilbert，2009：10）。假如像具身认知理论一样，看到躯体并非认为它仅是一具由器官组织构成的活体（相对于尸体），而是具有认知功能即能感知、能思考、能体验的且受社会和心理因素影响的身体（费多益，

2010：25-28），那么即使身体“衰退”“老化”丧失某些功能，身体依旧是“身体”，就没有理由将其异化为无用之物或破旧机器而摈弃之。又如，中国传统食疗将病因归于入口的食物，由此将患者关注的焦点转向可改变的日常饮食（参见前文心对身的决定作用），而不再是躯体故障或生理性衰老。在现象学者看来，躯体的疼痛因应个体对自身经历的解释或强化、或缓解（Powell & Gilbert, 2009: 13）。生理的疼痛并不一定导致或对应于心理的难受、痛苦，躯体的疼痛与心理的痛苦之间的因果关系不过是被生物医学所强化的一种耦合关系。

倘若视疾病为一种探寻人生与生活意义的良机而非天降的、令人无奈的灾难，那么对于疾病人们将不再消沉无奈，而是更加主动积极地应对。科尔宾和施特劳斯（Corbin & Strauss，1985）通过健康摄生法（regimes of health），包括疾病作为（illness work）、日常作为（everyday work）、自述体作为（biographical work）三种类型的“作为”，帮助慢性病患者将疾病融入个人生活，从而形成一套解释的框架，促进患者恢复日常的生活和活动。与此类似且更值得借鉴的是弗兰克在《伤者叙事：身体疾病与人文关怀》（*The wounded storyteller: Body illness and ethics*）中通过讲故事的方式来治愈疾病的叙事方式。作者呈现了一种极具启发性的叙事方式，名为探索性叙事：在患病导致生活与自我混乱后，患者通过讲述和反思自己的患病体验和经历重新获得力量和能力来感知世界，厘清混乱的生活，进而重新定位自我，重建自我与世界的关系，从而应对疾病，重塑生活，治愈自我（Frank, 1997: 3, 65）。这种对待疾病的方式不同于生物医学模式视疾病为人体偏离“正常”状态的故障进而消除疾病、恢复健康，也不同于宿命论者对疾病丧失治愈希望进而陷入无助无奈的痛苦困境而无所作为、怨天尤人，在这种方式下，患者坦然接受疾病并积极寻求疾病的意义。他们视患病为一种改变，一种更新自我的机会，从而探索生命和人际关系的深层意义（Frank, 1997: 115-116）。

四、死亡的另一种建构

肉体死亡引发的恐惧源自某种社会文化。实际上，对死亡的恐惧并不是对死亡这个动作本身的恐惧，而是对将死亡刻画为消失终结、腐化为蛆虫之食、下地狱、变恶鬼的恐惧。对回归上帝怀抱、升入天堂永享福乐这样的死亡，人们可能争相往之。在英勇献身、为国捐躯者的眼中，在杀身成仁的仁人志士的眼中，在殉情而终的痴男怨女的眼中，国家、仁义、爱情远远超越了他们对死亡的恐惧。可见"死亡"的意义是社会建构的，其内涵取决于人们持何种立场，赋予何种解释。如果人们相信人的生命完全是物质的，心理由生理物质决定，那么身体的死亡，通常指脑死亡（brain-dead）（Yang & Gergen, 2012），必然导致心死，进而引发人们对生命消失的恐惧。道教人士也一样，视生死为合乎自然的"道"，认为死亡"是相与为春秋冬夏四时行也"，人之死亡犹如落叶飘离树干，回归尘土，化作沃泥，滋养根茎，孕育生命，那么对人的死亡则应"箕踞鼓盆而歌"。或者视人的一生为一个圆圈，"生"时从生命的端点出发，经历一弯大弧，最后"死"时回到最初的起点，如此死有何喜又有何忧？倘若人们相信人的生命由 DNA 构成，在人死亡前采集 DNA 片段并将之冷藏保存，或者通过生育将 DNA 遗传给后代，那么能否认为，人不存在死亡，除非其 DNA 不再接续（Yang & Gergen, 2012）。照此逻辑，对于大多数有了后代的人而言，个人的死亡也就没有多大的意义，更无恐惧之说。

实际上，个体的死亡并非完全、纯粹的"我"的消亡，肉身的湮灭也并非彻底的虚无和寂空。从高龄者生死难择的境况可以感知的是，生也好死也罢，都是为了与他人的关联。在受访者莎莎讲述的例子中，生是为维护后代和家族的面子的生，死亡也是因为家人嫌弃、失去与家人连结而选择的死亡。当重要的人逝去，那么自己的死亡就变得相对容易一些。正如老年人所说："因老伴先我而去，就什么都无所谓了。"
从这个意义上讲，死亡不是身体的死亡，而是关系的"死"。照此逻
辑，倘若我们相信人死亡后归入黄泉，死亡是"回老家见老祖宗""去
见老伴"，死亡只是脱离了与现世的人的关系同时恢复了与故人的关
系，那么死亡或许就不再令人害怕、令人恐惧了。就像许多小说、影视
中的桥段，一句"我在黄泉路上等你"，就足以给活着的人无限欣慰。
同样一句"爱你的人在天上等着你"便可驱散人们对死亡的恐惧，令人
觳觫的死亡也顿时变得温情浪漫起来。生和死倘若是关系的、关联的
（relational），那么个体肉身的湮灭就不完全等同于"我"的完全消逝。
西塞罗（1998：44）曾说："若灵魂不朽，死亡也只是身体的消解；若
灵魂会朽，生前高贵的行谊也将万古流芳。"每个在世生存过的个体
都以这样或那样的方式遗留下他或她的印迹。例如，历史上多少仁人
志士万古流芳、永垂千史，我们对已故的亲朋好友每每提及必深深怀
念。这些人就像格根（Gergen，2009：145）所说的"社会影像"（social
ghost），已经融合、驻留在人们心里，成为"我"的一部分，时时刻刻
影响着"我"的心理和生活。人们又进一步通过对他人的影响将"社会
影像"留下的印迹推向世界、载入宇宙。

自笛卡尔区分出身心二元后，人们便开始讨论身与心的关系。在一
元论、二元论的各派主张中，身与心在属性上得到认可，但在本体论上
又坚持只有"身"的一元物理主义。由此衍生出"身决定心，心为身之
功能"的生理决定论便成为主流。基于此，必然衰老的身体决定了必然
年老的心。

生理决定论建构的老年心理体现在，将人体的衰老建构成客观事实，
又将疾病解释为衰老的必然结果，并将身心之死当作人的最终归宿。在
生理决定论的浸染下，心理被还原为大脑神经元、突触、神经递质及其
中发生的生化反应，机体的衰老又被当作毋庸置疑的客观事实，由此，

人的衰老便成为人人难逃的客观事实。生物医学理论直接将衰老当作一种"疾病"，衰老既然是必然，那么身体健康故障、罹患疾病也成为普遍和必然，老年人这样的"病患者"就只能深陷于病痛和污名的漩涡而无能为力。衰老、患病既成事实，肉身的死亡即是必然。当身体开始腐烂，以身体为基础的心（包括整个自我）也就随之消失。

重新查阅身心关系的哲学史发现，"身决定心"的还原物理主义并非唯一正确的解释，身心问题其实是一个没有意义的伪命题。身体不仅是一副由碳水化合物组成的肉体，还是一具有意识的处于动态变化的身体。即使是那些最生物的生理机能，人们仍然可以有所作为。衰老是一个赋予生命意义的具身化过程。心理对身体具有能动的反作用，心理和社会文化也可以决定身体。衰老固然会增加某些疾病的患病率，但疾病并非不可避免，向医疗专家寻求救治、恢复健康的惯常做法只是应对疾病的诸多方式之一。患病可视作一种改变，一种更新自我的机会，一种探索生命的途径。肉体死亡引发的恐惧源自某种社会文化，个体的死亡并非完全纯粹的"我"的消亡，肉身的湮灭也并非彻底的虚无和寂空。通过对衰老、疾病、死亡的意义重构，便开启了积极老龄化之路。

第四章 价值设定："作贡献" 与老年无用论

对于衰老、罹病、死亡的担忧、恐惧，一方面是因为它们被当作"人人不可避免"的客观规律（见第三章），另一方面则主要是对老年的价值设定。将老年人称为"落伍者"是认为他们跟不上时代的发展，对新的社会不再"有用"；患病的老年人"不值得治"，被当作"累赘""寄生"，这种赤裸裸的歧视根源于人们对老年人的价值设定。

本章先回顾中国老年价值的嬗变历史，澄清当代老年人奉行的价值观——"作贡献"，然后解构价值设定（老年无用论）对老年心理的建构，在此解构的基础上，重构老年价值的多元化，实现积极老龄化。

第一节 现代老年价值："作贡献"

"老年无用"既是现代社会对老年人的普遍看法，也流行于老年人的自嘲或无奈。老年价值是如何生成的呢？本节先回顾老年价值在中国历史上的嬗变过程，然后解释老年价值形成的原因，最后探讨当今社会老年人奉行的老年价值。

一、老年价值的嬗变：无用弃老、有用尊老、无用贬老

上古时期，步入老年的人"无用"还拖累部族，故而出现弃老现象。由于上古时期文献记载的缺失，只能从"弃老型"民俗故事和考古发现的"寄死窑"中管窥当时的弃老现象。抛弃衰老病弱的老年人，不仅是人类历史上的真实现象，也是民间故事中的重要话题，相关的风俗和故事还有一定的风物遗迹留存至今（李道和，2007）。"弃老型"故事的主要目的在于说明弃老向敬老的转变，从故事的描述中可略见当时存在的弃老习俗。典型的弃老故事要数《斗鼠记》：人一进入老年，就被丢弃在野外的山洞或人工搭建的窝棚如"寄死窑"等，在那里被活活饿死或被野兽残食。近年来考古发现的湖北"寄死窑"和山东"丘子坟"便是佐证。考古学家认为，这些窑洞是古时用来寄放失去劳动能力的老人，也称"寄死窑"或"活人墓"；研究者还探访了当地的村民，据说，民国初年当地还有老人被送进"寄死窑"的传统（宫哲兵，2007）。还有"食老人"的故事。古时的人老死，肉要分给众人吃；老人直接被杀死，其肉用以待客。有人指出，这些故事中食人肉的描述并非耸人听闻、空穴来风，人类发展史上确实有过这一时期（谢荣征，2008）。此外，还有其他的弃老方式，如摔死、斩杀、活埋、堵嘴窒息致死、出卖给猎头者等（李道和，2007）。对于弃老现象的真实存在，也有研究者持完全否认的观点（闫勇，王桂芳，2005；陈淑卿，陈昌珠，2005；穆光宗，2010）。他们认为将老人送进"寄死窑"或"丘子坟"只有传说故事，地方的史志、史书均无记载。而且，这一传说的可信度尚需核验，其遗迹还未经正式的考古发掘，也未曾发现任何遗物，其开凿年代、遗存性质仍无定论。有研究者在分析古代墓葬结构的发展脉络时指出，弃老现

象是不可能存在的，将年迈老人弃入生冢的提法也有待商榷。鉴于民间故事的传说成分，弃老是社会习俗还是个人行为始终无法证实，尽管有考古的证明，但也只是推论，不能直接证实古代弃老现象的普遍存在。倘若弃老现象从未存在，那么"弃老型"故事源自何处？民间故事固然有传说甚至神话的成分，但总归是源自人们的实际生活。对于弃老习俗的普遍性，限于文献资料记载的缺失，目前尚无法证实。但可以认为，弃老习俗可能存在于某个时期或局限于某些区域。例如，将老人提前迁入生冢的做法只存在于动乱的金大定年间和贞祐年间，且这是无奈之举，并非出于弃老的主观意识（马长寿，2003）。关于弃老习俗的局域性，见于正史中对北方游牧民族的记载。例如，《史记·王世家》："荤粥氏虐老兽心，侵犯寇盗，加以奸巧边萌。"《史记·匈奴列传》："壮者食肥美，老者食其余。贵健壮，贱老弱。"考古研究指出，目前较清晰的关于"贵壮贱老"遗物仅在东北地区的大南沟史前墓地中有所发现（刘守华，2003）。

　　进入农业社会，老年人长期积累的经验于政治经济文化有益，高龄长寿还是国泰民安、太平盛世的象征，老年长者自然受到尊崇。狩猎时期结束后，中国直接进入了农业社会。对于"靠天吃饭"的农业来说，年老者在岁月中累积的经验受到重视，老年人的社会地位得以提高。由于年老者在经验上的优势受到崇敬和尊重，加之执政者实行仁政和儒家宣扬、提倡尊老，于是尊老之风逐渐形成。中国最早的尊老风尚出现在渔猎时代。《礼记·祭义》中有记载："古之道，五十不为甸徒，颁禽隆诸长者。"即50岁以上的老人无须打猎，且在分配猎获的禽兽时要在份额上给予特别照顾，这表明当时社会的尊老观念已经形成（高成鸢，1999）。从虞代开始，就形成了系统的养老礼制。《礼记·王制》曰："凡养老，有虞氏以燕礼，夏后氏以飨礼，殷人以食礼，周人修而兼用之。"先秦时期的尊老主要体现在礼仪中，如乡饮酒礼、扶杖之礼、"天子视学"等，以及优老政策如免征徭役租税、减免罪刑、垂问老人等。从秦朝建立至清朝灭亡的整个封建社会，尊老礼制不断完善，优老举措层出不穷。两汉时期《王杖诏令》的颁布和清代"人瑞坊"的建立与"千叟宴"的举行，标志着尊老传统达到鼎盛时期。《王杖诏令》是统治者为强化以孝悌为中心的社会伦理价值制定的一项国家诏令。统治者在乡里选择年过 70 岁且具有号召力、受众人崇敬的老者，赐予王杖，王杖持有者享有各方面的优待（朱红林，2006）。清朝乾隆时期的尊老举措中值得一提的是敕建"人瑞坊"和举办"千叟宴"。古代将年高德劭者的出现视为人世盛事，将百岁以上的老人称为"人瑞"，取人间祥瑞之意。"旌表"是优老措施中精神褒扬的最高方式，代表皇帝的旨意，是最高的褒扬，一般用于忠诚、烈女、孝子和累世同居的突出者。以人瑞坊旌表百岁老人是尊老礼制的最高表现。《乾隆会典》规定：凡优老之礼，百岁老民，赐银三十两，建坊里门，题以"升平人瑞"四字，老妇旌以"贞寿之门"；逾百岁者，加赏银四两，内府币一；百有十者倍之，百二十岁以上者，请旨加赏，不拘成例。人瑞坊属于正规的养老礼制，而千叟宴只是一时的尊老举措，既无定期，也无定制。千叟宴又名"千秋宴"，邀请千名老叟共同赴宴。清代在康乾盛世举行过四次，与会老人共计两万余名。皇帝设宴共筵，亲自赋诗，遣子孙、宗室执爵授饮，分给食品，谕毋起立，以示优崇。尽管中国古代的尊老由习俗或风尚上升到了礼制，期望在每个人的思想中根深蒂固，成为普遍的社会行为准则，但它始终属于道德范畴，缺乏法律制度化的保障，而且还具有随意性，随统治者的意愿和政治措施而变（姜向群，2003）。如《史记·孝文本纪》："上为立后故，赐天下鳏寡孤独穷困及年八十已上、孤儿九岁已下布帛米肉各有数。"包括上文提及的"千叟宴"，都是随皇帝之兴的一种尊老举动。尊老举措的提出、实施和成效往往依赖于强盛雄厚的国力和长期稳定的社会。政治上的安定和经济上的强盛，是对老人实施物质优抚、对全民实行礼仪教化的前提条件，这就是清代的尊老优老活动频繁在康乾盛世举行的主要原因（王彦章，2006）。相比之下，在国力衰弱尤其是战乱时期，老人不仅受不到任何的尊敬和优待，甚至还被抛弃或被提前杀死。另外，所谓"礼不下庶人"，封建时期的尊老礼制只限于对社会地位高的老人，例如门阀士族、致仕官员。庶民百姓是无法享受封建特权的，尤其是处于社会底层的老人，如佃客、奴婢、兵户、吏家、百工户、杂户等，正如《卖炭翁》《石壕吏》中描述的老人，仍然受到上层人士的压迫剥削，生活在贫穷困苦之中，"有病无所依，死后无殡葬"是对他们的真实写照，尊敬优待更无从谈起（张承宗，2001）。

　　到了现代，出现了尊老观念日益淡薄的现象，日新月异的信息科技使老年人失去了用武之地，取而代之的是贬老。传统完全否定自我、绝对服从式的尊老，人们认为已过时甚至愚昧至极。对"传统尊老"取而代之的是彰显自我、互相平等式的新型"尊老"。例如，对孰是孰非问题，不管老年人还是年轻人都没有绝对的权威，双方都拥有发言、表达的机会，通过相互讨论、评理的方式来判定是非和解决问题。通过双方的平等交流、理性辩驳的方式而非年轻人完全服从老年人的方式来达到家庭内外的稳定与和谐。由此，双方的关系便由相互依赖发展到相互独立。老年人的独立和自主使老年人群的需求发生了变化，他们越来越追求生活质量和生命质量（遥远，范西莹，2009），所谓"人老心不老"，不少老年人仍然在各种工作岗位上发挥余力，实现自我。因此，无论是在社会工作领域还是在生活照料方面，只要是老年人自身力所能及的事情，就要为他们提供相应的机会和舞台，而不是一味地"帮他们完成"，这在古代被视为尊老的表现，但现在却成为老年人无用的标志。有人认为，这种新型"尊老"的出现恰恰说明（传统）尊老的弱化，取而代之的是贬老。一项关于农村尊老价值观的访谈研究指出，人们的尊老价值观处在剧烈的动态变迁之中，呈现日益淡薄化的趋势，具体体现为：代际间形成对立的家庭整体感和奉献观；轻老重少，老年人价值被贬低和扭曲；重利轻义，尊老的内涵和意义严重缩水（刘亦民，2008）。相比古代的传统尊老，现代社会中的尊老呈现弱化趋势，贬老导致老年人群出现各种身心问题，例如空巢家庭综合征、离退休综合征；引发新的代际矛盾和冲突；"路边老人摔倒，无人敢扶"的社会现象频繁出现；等等。

二、老年价值的历史文化性

若从"经济基础决定上层建筑"的原理着手分析，弃老可以看作由原始社会狩猎时期人们的生产方式所决定的。当时的人们多处于"不食之地"，形成"随水草迁徙""因射猎禽兽为生业"的生产方式，且资源短缺、迁徙频繁也易引发部族间的利益冲突和械斗战争。不管是一起围捕野兽、猎取食物还是以械斗方式解决冲突、维护本族利益，强壮的体魄都显得尤为重要，乃至青壮年在生存的各个环节都是社会责任的主要承担者和履行者。而老年人则因体力上的劣势不受重视，一旦丧失体力、无法胜任劳动便毫无用处，成为部落家族的负担和累赘，遭到遗弃或被食用。在当时的社会条件下，遗弃和食用老人被认为是合理的，且具有生存价值与社会意义，有利于部族利益最大化。由此，人们自然形成以勇武为荣的社会心理，"贵壮贱老"成为当时社会的主流价值。

进入农业社会之后，生存方式由狩猎采集转变为农业种植，对劳动力的需求从原来的体力奔跑型转变为经验技术型，经验在生产活动中的作用越来越受重视。老年人具有天然的年龄优势，经验随年龄增长而增长，人们从对经验的尊崇转变为对掌握经验的人的尊崇，从而使老年人在人们心中具有了神圣的地位，老年人开始受到信任和重视，人们逐渐形成尊老观念。另外，儒家思想把原本属于家庭伦理的孝道推及社会，使尊老孝老成为家庭和社会普遍奉行的道德价值观和行为准则。这既巩固了家庭伦理秩序，为小农经济的发展提供了稳定的微观环境，也为以孝为核心的家庭伦理社会化铺平了道路，在此基础上建立的新的社会秩序保证了社会的稳定与发展（李振刚，吕红平，2009）。在"尊尊、亲亲、长长、子子、幼幼"的礼治社会，统治者将尊老提升到礼制的高度，以躬身尊老的方式示范群臣、教化民众，在树立自身权威、获取民众信任和支持的同时，进一步巩固了建立在血缘关系基础之上的家族宗法制度和家国同构的社会体制。

随着封建社会的瓦解，自给自足的小农经济被开放的市场经济所取代，现代信息科技的日新月异使人们生活的方方面面走向科技化，老年人由此失去了传统的经验优势，其价值被贬低，"老"往往成为无用、废物、累赘、落后等贬义的代名词。同时，城市化瓦解了宗族血缘，削弱了以族权为依托的父权（陈杰思，2000），使代际关系的重心下移，从而使代际关系由上下不对等转向平等互利，家庭由此获得了独立的意义。家庭少子女、老龄化以及规模小型化，削弱了家庭的养老功能，进而引起代际之间在供养方式、居住方式、照料方式、交流沟通方式等方面的变化（束锡红，2000）。社会竞争的激烈与残酷使年轻人陷入了多重角色的冲突，例如，事业人士与孝顺子女的角色冲突，自然减少了对老年人的精神慰藉和日常照料。由此，老年人的养老观由被动消极转变为主动积极，子女的尊老孝老不再拘泥于形式。贬老虽不可避免，但同时也促使老年人积极改变自身的现状，正如第一章的分析所示，努力保持健康，为子女、为家庭、为社会作贡献。

三、"作贡献"的价值取向导致老年无用论

第一章已有论述，"作贡献"对于出生于 20 世纪五六十年代即当今的老年人来说是最为重要的人生价值——"活着就是为家庭、为社会作贡献"。有教科书里做出丰功伟绩、一直被歌功颂德的英雄人物，也有一辈子在工作岗位上兢兢业业、"献了青春献子孙"的普通老年人。

歌曲《常回家看看》中"老人不图儿女为家作多大贡献呀"的歌词也反映了这代老年人对"贡献"的推崇。"作贡献"被这一代人奉为最高的生命价值，具体而言，主要包括两个方面：一是对集体、社会的奉献；二是对家庭（成年子女）的贡献。

最大的贡献莫过于对集体、对社会有所作为。所谓"老有所为"，一指"发挥余热"，二指"再作贡献"。在这一代老年人眼里，劳动是光荣的，好吃懒做是可耻的，即使步入老年退出工作岗位，"光热不再"，至少还有"余热"可以发挥。此外，老年人拥有丰富的知识和经验，能够传授后来者一技之长，有能力对集体、对社会有所作为。甚至，他们还能干年轻人干不了或不愿意干的工作。正如美国生物学家德格所言："60～70岁是人才的黄金时期。"又如，北京大学季羡林教授在一次颁奖大会上说道："我今年90岁了，还努力工作着……我还要为社会主义继续奋斗下去……"（阿门，2011）邬沧萍应联合国邀请参加1986年在东京召开的"人口结构（老龄化）和发展的专家会议"时指出，为社会作贡献是中国老年人自身提出的经济要求（邬沧萍，1987）。而且，老年人要在社会和家庭中受到尊重，不能光靠过去以孝道为主的伦理道德来保持，还须用老年人对社会和家庭作出力所能及的贡献来证明老年人的社会价值（邬沧萍，1987）。1997年，世界卫生组织应对人口老龄化提出的"积极老龄化"不同于1990年提出"健康老龄化"的是"参与社会"，其内涵可概括为"为社会作贡献"。美国学者罗伯特·布特勒提出了"生产性老龄化"概念，指出老年人能够、也确实有生产性，并且可以积极参与生活生产（刘玮，2021）。在如此重视"生产价值"的现代社会，老年人也不得不尽己所能发挥余热，因为"作贡献"才能证明自身价值。

如若不能为集体、社会"作贡献"，那么退而求其次争取对家庭（成年子女）作"贡献"，因为从事家务劳动不算作参加社会发展，只能算是对社会的间接贡献（邬沧萍，1987）。对家庭的贡献，包括承担家务、带孩子（如"老漂族"）、分担经济压力、为子女出谋划策等。如果这些"贡献"都没有，那么"保持健康"就是最大的贡献；即便是失去生活自理能力长期卧床的老年人也可以有贡献，例如"不打扰子女""自己承担医疗费用""雇用护工""入住养老院"……（见第一章）。在竞争愈加激烈的现代社会，成年子女肩负着家庭内外的主要责任，家庭（抚幼、侍老等）与工作常常难以兼顾、左右为难。当今的老年人逐渐认识到大部分子女尽管优先选择了个人的生存和发展，但还是有孝顺感和尊老意，也慢慢接受这种改变，逐渐形成独立意识，不再依赖子女的帮助尤其是生活上的照顾。例如，有些老人因担心拖累子女而选择独居或主动搬入敬老院，尽管心理上仍然期望与子女合居，但不会强迫，甚至还鼓励子女拥有独立的个人发展空间，代际间形成"分而不离"的局面（赵芳，2000）。这种观念在受教育程度较高的老年人身上尤为明显，他们认为这是老年人对家庭作出的最大贡献。

对社会、对家庭作不了贡献就是"没用了"，这是老年无用论的通俗表达。有研究指出，"老年人口无用论"长期存在于人类历史的发展过程中，目前仍占据主要地位（张志雄，孙建娥，2015）。有研究者（吴涯，2005）这样描述道："当人们对周围的事物不再感兴趣；当他们不再适应现代生活，不再与人交往，不再理解青年人，感到自己与世事无关；当家里人把他们看成一件可有可无的家具，他们感到自己一无用处，就产生了无用的感觉。"老年人在说自己"无用"时使用的是一个逐级比较的策略。例如，一个退休老人感到"无用"是同曾经奋斗在工作岗位的自己或者与其他在职人员进行比较得出的结论，"从原来工作岗位退出就代表老年人没用了、失去了价值"；一个只能操持家务、给子女抚育孩子的家庭主妇往往是跟活跃在社会各个角落、发挥余热的老年人相比而感到"无用"；一个身患重疾、长期卧床的老年人则跟前两者对比而感到"无用"。老年无用论可分为"轻度老年无用论"和"深度老年无用论",前者是指用一种静止的、狭隘的眼光看待老年人,将他们一律视作"高龄老人",主张老年人要主动退出社会生产活动,接受子女的"反哺"或社会的供养;后者视老年人为社会竞争中的弱势群体,是社会竞争的淘汰物,不能产生任何社会经济价值或效用,是社会和家庭的"负担""包袱"(张志雄,孙建娥,2015)。与"深度老年无用论"一致的是"济贫论",完全否认老年人的自我价值,笼统地将老年人视为单纯的消费者和"受供养者"(吴涯,2005)。无论"轻度"还是"深度"的老年无用论,实质均以"作贡献"作为衡量标准,没有贡献就没有价值,活着就失去意义。因此,西方文化有言"死亡是老年人的天职"。

第二节　老年无用论对老年心理的建构

老年无用论是如何参与建构老年心理的?本节从老年人与年轻人奉行的价值观、"重少轻老"的文化价值倾向和人的工具性价值三个方面展开讨论。

一、代际价值冲突导致老年人"落后淘汰"

老年父辈与成年子辈的两种价值观形成于两个时期。青年是形成价值观的关键时期,中国青年人的价值观自中华人民共和国成立以来经历了一系列变化。任鹏和张竞文(2020)梳理了1949年中华人民共和国成立以来青年价值观的变迁轨迹,划分了六个阶段:社会本位与无我奉献(1949—1965年)、信仰盲目与信仰真空(1966—1976年)、关注自身与现实(1977—1991年)、理性的觉醒与物质的盛行(1992—2001年)、价值的多元与意义的探寻(2002—2011年)、集体的回归与理性的超越（2012 年至今）。黄英（2019）梳理了改革开放 40 年来青年价值观的变迁轨迹，划分了四个阶段：个体反思与群体争辩（1978—1986年），价值观定位由群体本位向个人本位偏移；群体困境与个体反叛（1987—1991 年），价值判断标准由理想主义转向实用主义；个体迷茫与群体解围（1992—2006 年），价值取向由社会主导型转为自我调节型；群体觉醒与个体奋进（2007—2018 年），价值观在多元化中彰显理性主义。廖小平（2014）也对改革开放以来价值观的演变进行了分析，划分出三个阶段：20 世纪 80 年代出现价值观的反思与博弈；90 年代是价值观的深刻嬗变，物质主义、个人本位、自我中心是关键词；21 世纪进入大众文化时代，一个众声喧哗却理想缺席、迷失自我的时代。从以上三位研究者的分析中可窥见中国青年人的价值观经历了两个比较明确的阶段：一是 20 世纪 80 年代前的群体本位与无私奉献；二是 20 世纪八九十年代的个人本位与自我中心、物质主义。两个时代的主流价值观相去甚远。如今，这两代人中一代是已经步入老年的父辈，一代则是进入中年的成年子辈，双方构成了受养和供养的关系。

受养者与供养者之间存在巨大的价值冲突。作为受养者的老年人（20 世纪 80 年代前处于青年时期）推崇的价值观是为集体、为社会、为家庭"作贡献"。"人活着，就是为了使别人生活得更美好；人活着，就应该有一个崇高的信念，在党和人民需要的时候毫不犹豫地献出自己的一切。"（廖小平，2014）他们通过投身社会、效仿楷模、战天斗地来实现自身价值（任鹏，张竞文，2020）。然而，作为供养者的成年子女（20 世纪八九十年代处于青年期）秉持的价值观与前者截然相反，他们追求的是个性张扬、经济利益和个人享受。"潘晓来信"阐明了"人是自私的"的人性观和"人应为自己着想""主观为自己，客观为他人"的个人主义价值观（廖小平，2014），"为自己而活"成为当时青年的首选（黄英，2019）。"梅晓来信"问"我怎样才能生活得更好"标志着世俗化、物质化和功利化的价值倾向，在市场经济和工具理性的裹挟下，个人主义、拜金主义和享乐主义不断蔓延，个人本位、自我中心被强化（任鹏，张竞文，2020）。廖小平（2014）指出，"市场经济体制""全民下海经商潮"将"思想"市场化，个人利益最大化成为当时社会普遍追求的价值目标，崇拜的是世俗化时代的"成功""成名"，实则是以金钱为衡量标准的各种"偶像"，一切的理想和信念均被物化为赤裸裸的金钱和利益，精神的价值已堕落为物欲和感官享乐，"一切向钱看，经济优先"，"理想，理想，有利就想"，"前途，前途，有钱就图"（黄英，2019）。受养者的社会本位与供养者的个人本位发生冲突，受养者的无私奉献与供养者的"为自己而活"形成巨大反差。

受养者与供养者之间价值冲突的结果，便是年轻供养者的价值成为主流，老年受养者的价值则显得"不合时宜"。不少成年子女劝导年迈父母："要有自己的生活和追求，个人要懂得享受……"诚然，这是成年子辈对老年父辈真诚的关心，个人享受毕竟是极致的生活体验，但这种鸡同鸭讲式的建议在老年父辈看来，相当不合时宜。在他们眼里，个人享受是可耻的，无我奉献才是高尚的、值得追求的。在注重个人享受的现代社会，他们所推崇的那种无私奉献的追求早已过时。同样，受养或曰孝老，在老年父辈眼里是一种荣耀，但在年轻子辈看来供养、侍老不再是光荣反而成了负担、累赘，因为"为他人奉献"已经过时，"为自己着想"才是当下的价值追求。当这种"为己着想"的价值追求成为现代主流的价值取向，"为人民服务、乐于奉献"便显得不合时宜。新价值观对旧价值观的取代，意味着老年价值的消解与解构。当老年人不再被需要，亦无用武之地时，老年便成了"无用"的代名词。正如吴涯（2005）所言：在这种思想观念和价值取向急剧变化的现代社会里，"青年至上"的思想逐步流行，老年人往往表现出对不断翻新的伦理道德观难以接受、难以适应，但他们又不得不交出自我的权力和地位，从而产生极大的无用感、排斥感、内心空虚感和厌烦感以及孤独感。在个人主义、效益主义至上的现代社会（郭爱妹，石盈，2006），老年人感到无用、遭到排斥，成为社会"边缘人"，渐渐退出社会的舞台，落后于不断前进的时代，最终不得不"服老"。

对于现代消费社会，老年人"作贡献"的价值取向已"过时"。刘昕亭（2012）在论述资本主义的工作伦理时指出，对工作伦理的推崇，一方面，解决了蓬勃发展的工业生产所急需的劳动力供给问题，解决了早期资本主义最重要的将劳动力转化为商品的难题；另一方面，通过把工作提升为一种伦理，工作包括任何条件下的任何工作，被改写成道德尊严的一部分。当工作本身意味着一种价值，当工作成为一项高贵并能够令人高尚的活动，当不工作、拒绝工作俨然成为一种罪恶与道德堕落的时候，劳动、工作便具有了一种道德优越性。然而，在当下生产过剩的时代，由消费主导的社会，"工作"显得有点格格不入。消费社会的主体是消费者而非生产者，"有意义的生活"不可能在工厂车间的流水线上实现，却能在超级市场的琳琅满目中梦想成真。劳动、工作不再是人们推崇的信仰，没有什么是值得奉献的工作。消费社会也不容许劳工对工作抱有奉献终生的理想和抱负。劳动不再高尚，只是提供更多消费机会的手段；工作不再是个人生活的重心，它折合成的账单才是评估价值与尊严的新标准。现代消费社会不再需要大量劳动力投入生产，它所仰仗的是社会成员快速而积极地购买商品，为清理商品供应作出有力贡献，并且在经济出现问题的时候，成为"消费者引导的经济复苏"的一部分（刘昕亭，2012）。在这样的社会，奉"作贡献"为至高信念、以劳动工作为光荣的老年人，则绝对地、完全地成为一无所有、一无所用的"废人"。

二、"重少轻老"的文化价值暗含对年老的贬低和排斥

"轻老"的文化价值自古有之。身体上表现出的老化特征如头发花

白、驼背、行动迟缓等在各人种间并无多大差异，但不同的文化对同样的老化特征却有完全不同的理解和阐释（Sankar，1984）。希腊神话中的斯芬克斯之谜将老年人刻画为"三条腿"的怪物，老年在希腊罗马文化中被贬为退化和衰弱的象征，在推崇"美与健壮"的古典时期被形容为"污秽和丑陋"，在中世纪和文艺复兴时期被描述为"痛苦或虚弱"（Hillier & Barrow，2014：6-7）。不难看出，讳老忌老一直是西方文化的主流，尽管西方最早论述老年的著作——西塞罗（1998：1-42）《论老年》，率先对贬低老年的观点和做法进行了驳斥。纵观中国历史，原始狩猎社会奉行"贵壮贱老"（陈淑卿，陈昌珠，2005），在封建社会尊老却被定为礼制（高成鸢，1995：107），现代社会又回到"重少轻老"的价值取向（穆光宗，1999）。现代社会，多数老年人都处于较低的"文化地位"（Hillier & Barrow，2014：7），受到漠视，遭到贬低。

"重少轻老"是现代文化的主流价值观，老年遭到贬低。第一章中受访者们"不如当年"的形容，暗含着"重少轻老"的文化价值倾向。老年人通过现在与过去年轻时的对比中感知和体验自身的老化，"不如当年"是他们形容自身老化的一个常用语。"不如当年"是指现在（老年）不如从前（青年），实际上暗含着社会"重少轻老"的价值倾向。老年人对小年龄的认同也反映了人们对年轻的崇拜和对年老的贬损。现代文化是玛格丽特·米德所称的"后喻文化"，长辈不得不向晚辈学习他们未曾有过的经验，知识的权威被年轻一代从长辈手里夺取，年长者的权威因此被解构，取而代之的是普遍弥漫的"老年歧视"，年长者不再是智慧的象征，他们被贴上了"无知""思维迟缓""跟不上时代"的标签（刘晶波，唐玉洁，2018）。戴维斯 - 弗里德曼曾指出，现代人把年轻人放在前面，而古人把老年人放在前面（沈奕斐，2009）。这种反转意味着老年人失去了年轻时获得的权力和地位。自启蒙运动到"互联网""人工智能"的现代社会，各种新观念、新思潮、新知识、新器物、新生活方式的更新速度令人目不暇接，年轻人以其优越的前瞻性和吸收能力越来越成为引领其长辈的领路人（刘晶波，唐玉洁，2018）。在“后浪将前浪拍死在沙滩上”的现代社会，对年轻的崇拜和对年老的贬损成为主流（Shweder，1998：12-15），老年人则渐渐偏离于主流社会，成为社会边缘人群。

在“重少轻老”的文化价值主导下，老化亦被消极建构。拒老心理暗示着年老的消极意义。多数较为年轻的老年人，确切地说是身体较为健康的老年人，普遍否认年龄与老化程度的对应关系。人们之所以拒老，一个重要原因是因为老化的消极意涵。极少人将老化看作一个机遇、一种希望、一场探索、一段旅行，往往断定它是令人不快的甚至是可怕的——每个人都将到这一步，无人能长生不老。格莱特（Gullette，2004：7）曾言：“增龄等于老化是一个灾难性的等式。”老化被类比为“灾难”，此“灾难”必将降临每个个体，每个人必须臣服于这一客观规律，无人能够幸免。基于对人人必然老化的预测，不少年轻人对年老忧心忡忡，有些甚至表示将以死亡来逃脱老化这一厄运（Klein，2011）。受访者泉水也有类似表述——对老化的恐惧胜过对死亡的恐惧。这可能是老年人尤其是重病老年患者选择自杀的一个重要原因。老化被刻画为比死亡更为悲观的宿命，可见它的消极影响。

在家庭内部，赡养老人被当作负担、包袱。倘若老年人对社会、家庭毫无贡献，那么对老年人的赡养也就失去了意义，这似乎很合逻辑。老年人被广泛地当作年轻人的负担，包括经济负担（如养老金、医疗、照料的费用支出）和情感负担（如对老弱病残的照料，对年迈父母的愧疚、担忧）（Wilson，2009）。大众媒体也在大肆报道“三明治一代”的悲哀处境，他们“上有老、下有小”，同时需要照顾年迈的父母和抚养年幼的孩子，处于这个“夹心层”，“舍老保小”似乎是一个明智的决策，毕竟年老的人没有未来，而幼小的人生才刚刚起步。于是，赡养老人被视为一种"负担"，一个"包袱"，甚或一种"不公"……那些不得不承担赡养责任的人总感觉自己被绑架了，于是一方面希望父母赶快死掉，另一方面又因此种想法而负罪内疚（Gergen & Gergen，2001）。在多子女家庭中，弟兄姐妹之间也常为谁来照顾老人问题发生口角，这正是许多家庭不睦的一个原因，也是老年人最不愿发生的事情。老年人"大病不治，小病靠忍"，甚至自杀的选择，追根溯源在于"重少轻老"的主流文化价值观。

三、工具性价值形成对老年的彻底否定

无论是视老年人为"落伍者"还是喻身体为"机器""汽车"，都反映了现代文化的一个痼疾——将人物化、商品化、工具化，将个人价值等同于生产价值（productive achievement）（Gergen & Gergen，2006）。现代文化以人的"需要"为支点，视个人需要的满足为人之行动与社会发展的"第一驱力"（杨莉萍，2003；杨莉萍，2004）。对于个人而言，他人以及一切事物都被视为对个人是否有利的工具或手段，有则留之，无则弃之。当社会以人的工具性价值作为衡量个体价值的唯一标准时，人生的唯一意义就在于"有用"。生产价值的衡量标准是薪水、工资的多少，为此，个人价值就被量化为赚取薪水的数量。当人退出劳动力市场时，薪水也随之中断，没有收入意味着个人价值的丧失。因此，退休后的老年人就必然会被边缘化、受到歧视、被人抛弃。在现代社会，属于"落伍者"的老年人被物化，被客体化为没有价值、没有目的的"物"。当人被等同于"物"，一旦丧失了工具性价值便沦为抛弃的对象，理所当然会被淘汰。就像电影《鬼域》所阐述的主题，人已被异化为"物"，是否有用则成为被丢弃的理由……在这个收容废弃的、不需要的东西（包括人、生命、灵魂）的"异域"中"每个人都有份"，人同物一样都将被遗弃，都面临着回收循环，或如同电脑释放空间一样的"删除"。通

过构建这样一种看似"合理"的逻辑,便成功地将老年人群异化为"他者",实现了以"我"(年轻人)为主体的利益的合法化。不可否认,身体的"机器"比喻和"汽车"比喻是人们理解增龄老化的两种方式,是诠释老年生活意义的两种资源。然而,这种类比不禁令人联想到工业生产车间里流水线上不停地运转着的机器,其唯一的价值就是生产产品。机器一旦老化破旧、发生故障,丧失功能,"无用"了,便弃之如敝屣。同样地,被物化、被机器化、被商品化了的人,一旦"无用",一旦"作不了贡献",就要被丢弃。由此人便彻底地沦为被使用的工具。老年人不仅是一台"机器",还是一台"破旧的机器"。

职业劳动领域奉生产率为圭臬,导致老年人群被边缘化,"怯老"心理由此产生。"生产性老龄化"(刘玮,2021)概念的提出折射出一个事实:经济增长成为最高和唯一的价值追求(廖小平,2014)。对于追求经济增长的单位组织或公司企业来说,劳动者的健康状况必然影响到工作效率。为此,根据人的"客观性"衰老和失能状况来设定退休年龄,从而将这部分"无用的"人逐出职业领域,就变得合情合理了。这种"合情合理"反映在学术领域便是解释退休的功能主义理论和脱离说。功能主义理论认为,社会系统形塑了人成为具有社会功能的扮演者,个人是被动的,是社会影响的产物。因此,人在成熟前要学习如何成为社会贡献者;成熟后才能对社会有所贡献,并获得一定回报;步入老年后,由于人的生产率降低,社会系统则要求他们退出,并割断与社会的联系,目的是为具有更高生产率的年轻人提供工作机会(郭爱妹,石盈,2006)。与功能主义理论类似,脱离说(disengagement theory)认为,老年人从原有社会角色中退出是正常的、合理的,且有益于社会和个人(Stuart-Hamilton,2006)。脱离是一个自我循环的过程,它一方面满足了个人隐退的需求,另一方面也给年轻人让出了职位,保证了社会制度的连续性(唐仲勋,叶南客,1988)。这一理论看似严谨周详且对老年人充满关怀和怜爱，其实也映射出社会对毕生积累的经验、智识的贬低以及对体力、灵敏性、适应性的重视。这样一来，社会在界定社会生产力时自然而然就把"老年人"排除在外。"追求年轻"的狂热，进一步削弱了那些不再年轻者的社会地位（拉斯奇，1988：226）。在美国，职业领域劳动力的高龄化被视为对国家生产力的威胁，老年人和养老金的领取也被妖魔化为年轻人的重大负担，那些老年贫困户还被称为贪婪地吞噬年轻纳税人的"老家伙"，"服务使用者"也被污名化为"年老的、有需要的"（old and needy），医疗健康人士、社会照料人员都将老年人视作照料的对象，政府出台的政策也将老年人标注为消耗者，需要专业的监管与管控（Wilson, 2009）。如果没有老年人的用武之地，老年人群自身感受到的是无能感、多余感，出现"怯老""怕老"的心理实属必然。

同样，以丧失工具性价值作为淘汰和抛弃老年人的标尺，老年人罹病即意味着"依赖""负担""累赘"。老年人作为退休者、"落伍者"早已离开社会舞台中心，撤回到家庭这一角落。一旦罹患病症，大多数普通老年人不得不依靠子代帮助，从而构成对家庭的负担。老年人的"依赖"，在封建社会被当作子女孝老的机会，在现代有时却被视为对社会和家庭的一种耗竭。"依赖"显然与现代社会所倡导和讴歌的"独立自主"这一主流价值背道而驰。"独立自主"是个体之所以成为一个能动者的首要标志。一个人丧失独立，失去生活自理能力，暗示着核心自我的坍塌。这对于目前出生于 20 世纪四五十年代强调"作贡献"的老年人来说更是如此。罹病或"依赖"无疑是对个人价值的彻底否定。格根夫妇（Gergen & Gergen, 2000：281-306）分析了美国人为什么称"老年"为充满痛苦、致命恶疾、虚弱、无助、无知、丑陋、迷茫的"黑暗期"。一个重要原因是现代自恋主义文化盛行。它视个体为自由行动者，强调自我决策和自主选择。它对自决能动者的强调置"自我"于首位，置他者于次位，对家庭和社区的亲密关系造成威胁。当人年老、患病、失能、丧失劳动能力，其自主能力降低，进而威胁到自己原有的作为独立个体的价值。即使那些依然健康、有相当经济能力的老年人也倾向于选择独居，远离家庭，因为成为家人的包袱意味着独立个体之价值的丧失、否定。更致命的是，老年人自身也认可这种“否定”。他们经历退休回到家庭这一最终港湾，疾病的侵袭致使他们连为家庭“作贡献”、减轻子代负担的机会也一并丧失了。为此，他们认为自己不仅成为作不了“贡献”的无用之人，还沦落为子代的“包袱”、家庭的“累赘”。老年罹病的“累赘”污名便由此被建构。

第三节　积极老龄化：老年价值的多元化

要去除老年无用的污名，关键在于转变对人的价值设定。在价值日趋多元化的现代社会，老年价值也呈多元化、多样化倾向。本节通过建构多元的老年价值实现积极老龄化。

一、当今社会的价值多元性

多元化是中国当下文化的主要特点。长期以来我国文化具有鲜明的一元化特征，以孔子为代表的儒家思想在中国文化发展史上处于独尊地位，但随着世界文化的频繁交流，我国原有的对全部社会生活发挥统摄作用的“统一轴心”轰然倒塌，一元文化价值解体，多元文化价值并存格局逐渐生成（刘文，郑大俊，2017）。特别是互联网时代的来临，物理距离几乎为零，即使身处隆中也能通晓天下，与各国各地文化的交流不再受限于区域的远近。在如此多重文化的碰撞交锋下，我国的文化也呈现多元化特点。另外，就中华文化而言，多元性也是一个鲜明特征。

有研究提出，中国文化由 11 种区域文化类型构成，这些区域文化以一种类似马赛克拼图的方式构成中国文化的全貌，其中文化价值观在每个模块内部相对同质，在模块之间相对异质，这些模块之间以一种耦合方式在"多元化"的基础上构成一个"大一统"的整体（赵向阳，李海，孙川，2015）。

当下社会的文化价值观呈现多元化倾向。刘文和郑大俊（2017）指出，改革开放以来，一元价值观存在格局被多元价值观共存的局面所取代……当前中国深受世界统一市场的影响，逐渐成为一个多元价值共存的社会。经济市场化、西方文化思潮渗透、利益矛盾和认知差异导致"多元并存，新旧交替"的现状，呈现既有社会本位又有个人本位，还有极端利己主义、绝对功利主义的价值观念共存的局面（姚建军，赵宁宁，2013）。陈晓辉（2013）研究发现，当下的个体价值观与群体价值观均呈现多元化发展态势，前者表现为利他主义、极端主义、诡辩的相对主义、庸俗的消费主义、不加分析的怀疑主义、功利的实用主义、精致的利己主义等价值观，后者则体现在"50后"保守、"60后"分散、"70后"均衡、"80后"个人化、"90后"功利化的价值偏好。21世纪网络技术、数字技术、信息技术的发展催生了"微博""微信"等"微产品"，标志着"自媒体"时代的到来，"人人都有麦克风""人人都是评论员"，"利己青年""四无青年""空巢青年""斜杠青年""佛系青年"的价值观在多元文化中交织、激荡（黄英，2019）。一元价值的时代已经落幕，多元价值的新纪元已经到来。

二、老年价值的多元化

当今的老年人口具有多元化特点。现在的老年人已不再是一个同质性的群体。例如，1974 年伯尼斯·纽加尔伦区分了处于第三年龄（the Third Ages）的年轻老人（the young-old）和进入第四年龄（the Fourth

Ages）的年长老人（the old-old），年轻老人类似于中年后期的成人，处于老年的年轻岁月，身体健康、生活自理，而年长老人已跨入老年后期的年老岁月，可能疾病缠身、鳏夫寡妇、生活不能自理（Powell & Gilbert，2009：14）。另外，还有我们熟悉的 75+、80+、85+ 老年人，还有不同性别、不同职业的老年人等，而学术研究却统一假设老年被试为一个同质群体。威尔森（Wilson，2009）指出，老年人口增长不是单纯的数量上的增加，而是差异的扩大，寿命长度的增长不仅意味着痴呆症病人增多、失能老人的照料负担加重，健康长寿的人数也在增加，多彩生活的时间也在延长。在全球化的今天，老年文化也呈现多样性、多元化。某个地区或国家的老年人不再具有文化、种族的同质性，旅行、移民、国际交流让老年人产生新的身份认同。个体基因也具有多样性，即使身处同一个社区，所居住的环境、体验到的情绪都可能不同，基因的多样性与体验的多样性交织在一起，共同塑造生理的、社会的、经济的、情感的多样性，老年人活得越长意味着更复杂的多样性。多样性既然是现今老年人口的主要特点，以"作贡献"为唯一价值的价值观已经过时，老年价值需要重构，需要多元化。

老年人的"贡献"可以体现在各个层面。现在的老年人虽秉持"作贡献"的一元价值观，但是"贡献"，如第一节所述，可分为直接贡献与间接贡献。老年人可能无法作出"直接"的贡献，但可尽其所能作出各种间接的贡献，如发展"菜篮子"经济、为小区做义工、教孩童识字、到博物馆志愿服务、修整房舍和园艺、人生回顾自我反省、著书立说影响后代等。又如，对美国延长退休年龄的评价："即使不在职场，老年人也具有相当高的生产力。需要看到，老年人可从一个消费者转变成一个富有创意的创造者，一个富有成效的生产者，这一新的导向涉及的是家庭、休闲活动及其他有趣的退休生活。"（Gergen & Gergen，2017：101）贡献又分短期与长期，有些是立竿见影的，有些则需时间的见证和检验。贡献还可分为个人贡献与集体贡献，个人贡献可能微乎其微，但"蝴蝶效应"告诉人们，个人也可像蚍蜉一样"撼动大树"。

更重要的是，个人所做的事情能否称为"贡献"取决于他人，好比一个行为是否是帮助行为取决于受助对象，当受助者认定是"帮忙"而不是帮倒忙，那么这个行为才算得上是一个俗称"帮助"的利他行为。同样，老年人作出的努力是否是"牺牲""贡献"，若得到大家的认可，"贡献"才能成为贡献。从这个角度讲，"贡献"在本质上是一种在时在地的社会文化建构。例如，给他人让座，在西方文化背景下这是一种对人不尊重的行为，但在中国文化背景下却是一种道德高尚的行为。格根夫妇（Gergen & Gergen，2017：117）指出，现在的中老年人面对的一个主要问题是，如何教导年轻人何时以及在何处给予老年人帮助才会受到感激。他们需要认识"新兴时代的老年人"，现在的耄耋老人依旧活力四射。同时，还要考虑到年轻人也有给予他人帮助的需求和愿望。例如，成年子女打算全家聚餐，年老的长辈也要学会欣然接受他们的帮助。晚辈关照老年长者，应对他们表达感谢，这是给予他们最好的礼物。老年人兼任教导员和学习者的双重身份。

三、积极建构老年价值

老年人在体力、精力、反应速度等方面的确不如年轻人，在信息科技方面也远远落后于年轻人，更加玩不转电脑、iPad、智能手机等智能产品，但这并不意味着他们毫无价值。生产性理论认为，老年人即使退休了也可以积极参与社会，不断奉献，发挥余热。然而，撤退理论认为老年人不宜担任社会角色，应脱离社会，这既有利于老年人自身也有利于社会。享受退休后的清福与继续活跃在工作岗位、发挥余热，只是不同的选择，并不能说明选择后者的人"有用"，选择前者的人"无用"。生产价值不应成为人的唯一价值，人的其他价值也应得到社会的认可，例如家庭主妇生养子女、承担家务的价值，老年人侍花弄草、闲游世界的价值，卧床老人顽强对抗病痛的价值……每个个体都千差万别，每个生命都有其自身的价值，人的"贡献"应是多样的、多元的。

老年价值作为社会历史文化的产物，现已呈现多元化发展态势，所以要积极地建构老年价值，而剧增的老年人口更是重构老年价值最重要的资源。21 世纪，社会结构的全球化改变了老年的本质，迅速膨胀的老年人口正在创造、实践一种全新的、不同于以往任何时期的老年生活，他们正在全新地年老，建构着新的老年自我（Wilson，2009）。以下例子摘自格根夫妇（Gergen & Gergen，2017：119）所著《通向积极老龄化》，让我们领略老年人的"余热"，了解他们对家庭、社区、社会的"贡献"情况：

> 一位近期退休的朋友说："我整个职业生涯都贡献给了单位企业，赚钱养家。那么，这个时候我更想为社会做点什么。我现在正帮助一所服务于非裔美国学生的学校董事会处理各种事务。"
>
> 一位朋友已八十高龄，一直志愿担任社区区长。
>
> 一位寡妇资助学校、社区筹建图书馆，奉献自己的智慧与财力。
>
> 还有一位在当地狱所志愿担任调查官，代表囚犯控诉政府的不当管理。
>
> 一位老奶奶从儿子虐待的手中拯救出小孙女，让她回到正常的生活，老奶奶甚为自豪。
>
> 一位寡妇提议道，步入老年是"保护地球"的最好时机，他们拥有丰富的智慧和资源，也渴望为子孙后代保护环境。
>
> 更不用说，那些子女不在时帮助照看（外）孙子孙女的，邻居外出时帮忙照看房子、养宠物的，志愿在小区看家护院的，供有需要的住户差使跑腿的……

　　一位常年卧床不起的女性，像解手、吃饭这样最基本的事情都要他人协助，自身虽有诸多不便，但她对别人的每一次帮助都心存感激。她身边的人也非常感恩这个帮助他人的机会，认为这是上天对自己的垂怜。

　　中国的老年价值经历了从无用弃老到有用尊老，再到无用贬老的嬗变过程，无论是弃老、尊老还是贬老，均是当时社会文化的产物，具有特定的意义和价值。"作贡献"被当今老年人奉作至高无上的生命价值，包括对集体、社会的奉献和对家庭的贡献。而老年人对社会、对家庭不仅没有贡献，还浪费社会资源、成为家庭负担，这是老年无用论的核心表达。

　　老年人"群体本位与无私奉献"的价值观在奉行"个人本位与自我中心、物质主义"的现代消费社会，显然已过时淘汰，老年人则成为一无所用的"废人"。在以"重少轻老"为主流价值的社会，老年遭到贬低，老化被消极建构，老年人被当作负担、包袱。将个人价值等同于生产价值，以丧失工具性价值作为淘汰和抛弃筛选人的标尺，老年人便成为负担、累赘，他们因此怕老、忧老、怯老。

　　要破除老年无用的污名，关键在于转变对人的价值设定。在全球化的当下，各种文化价值相互交融、碰撞，老年人口也呈多元化的特点，那种将"作贡献"当作唯一价值的做法已不合时宜，新时代的老年人是重构老年价值最重要的资源，老年人的"贡献"体现在家庭、社会的各个层面；即使是毫无"贡献"的老年人，每个个体都千差万别，每个生命都有其自身的价值。

第五章　联合共建：老年心理的生成机制

　　第一章论述的拒老、服老、怯老、终老等老年心理，似乎只涉及老年人群，但从第二、三、四章的分析可以看出，社会中的每一成员似乎都有意无意、或多或少地参与老年心理现实的建构过程。正如布尔迪尔（Bourdieu，1990：477）在《实践逻辑》中指出，不管他知或不知，要或不要，每位社会成员都是客观意义的生产者和再生产者。按照参与建构老年心理现实的人或群体在其中扮演的角色、发挥的作用划分为：生成者——科学共同体、制定者——组织管理者、传播者——大众传媒和践行者——老年人群。以下将通过分析这四类参与者及其扮演的角色、发挥的作用，进一步解析老年心理现实的生成机制。

第一节　老年心理现实的建构者

一、"何为老"的生成者——科学共同体

　　科学共同体是由科学观念相同或相近的科学家所组成的集合体。他

们在同一个"范式"（Paradigm）下进行研究，范式内公认的科学成就在一段时间内为实践共同体提供典型的问题和解答（库恩，2003：4）。研究老年的相关学科包括老年学、老年医学/老年病学、老年生物学、老年人口学、老年社会学、老年心理学等，负责有关老化、老年的知识生产。他们在"老化为客观必然"这一共同的假设前提下进行研究，界定概念、特征描述、解释原因、预测规律等。例如，将老化出现的时间统一确定在某一时间点是当今社会的惯常做法。在某一特定社会，要确定老化的起始时间，首先要进行大样本乃至全国性的数据调查，然后借助数理统计"去其糟粕，取其精华"，即消除个体、地区、职业、种群等差异，最终获得"大多数人（统计值95%）选择的"结果，并以此作为老化的起始年龄。又如，人的老化被认为是客观必然，那么注定会以衰退、疾病或失能、死亡作为人生的落幕。滋生这种观点的土壤乃是以实证主义为方法论基础、以心理反映论为内核的现代心理学。现代心理学秉承笛卡尔的身心二元论，将世界划分为主客二元，视心理为对客观事物的反映（杨莉萍，叶浩生，2003）。在现代心理学看来，客观必然的老化是对年龄增长过程的客观反映。为确保"心"如实反映外部世界，现代心理学以数据说话，坚持数据所代表的心理、社会意涵是不言自明的；信仰科学实证的研究方法，尤其崇拜实验室实验法，认为唯有可靠的方法才能保证真实的结果，由此得出的结论才可以称为客观真理。客观必然的老化被视为唯一正确的、科学的研究结果，因此是客观现实，是大写的"真理"。

退休年龄的设定也是一个典型例子，科学研究为其提供了实证依据。强制退休首先在于确定一个合理的退休年龄。近年来，为政府部门和学术界所热衷的延迟退休年龄的提议却遭到了社会民意的普遍反对（张士斌，2014），赞同的声音主要来自位居高位、工资福利优厚、社会声望高的社会管理者及各领域的专家、学者，反对的声音则主要来自普通民众尤其是从事高危行业的底层职工。有研究指出，人均寿命越来越长是不争的事实，但人们对提前退休的愿望却越来越强烈（Université de Liège, 2008）。这种矛盾集中反映了年龄作为强制退休标准的缺陷。显然，这种"一刀切"的退休方式忽略了个体身心发展状况及个人工作意愿的差异。本书第二章已讨论过老化的年龄标识是有条件的标识，是在特定情况下针对特定老化类型的标识，以某一年龄作为所有社会成员退出工作岗位的统一标准显然失之偏颇。为此，寻找确定退休年龄的科学研究证据便成为一种选择。科学研究通过大样本调查法收集数据资料，作出符合大多数情况的、具有"普遍性"的结论，便能确定代表大多数人老化的年龄。以这一年龄作为退休年龄便有了"可信的"实证依据，尽管它存在诸多漏洞，也不会有人质疑这一"可信"依据生成的假设和过程。

生理决定论也是科学共同体共建的产物。除（老年）心理学外，生物学、医学、老年学、人口学、社会学等学科也致力于构建衰老的生理决定论，这些学科的科学家信奉共同的范式，遵守共同的规范，受到同一规范的约束（沈铭贤，2013），"抱团"组成一个科学共同体（库恩，2012：147）。知识共同体是指人类认识总体的知识体系，其突出特点是借用各部门学科彼此的权威来支持知识（何琳，1998）。也就是说，组成知识共同体的各学科成员共同参与知识的建构，从各自的学科立场来解释、支持和佐证最终生成的知识。以衰老的生理决定论为例，生物学提供生理衰退的证据，心理学提供心理功能因生理衰退而减弱的证据，社会学提供老年角色因生理衰减而发生变化的证据等，不胜枚举。这些学科的证据共同指向一个结论：衰老是一种生物属性，是一种客观存在，是人至老年必然体验的"真实"和"现实"，是描述老年的唯一"正确"方式。人们认可衰老的生理决定论，便是承认老化"现实"的客观存在，就得接受社会为老年人设定的年龄规范和价值观念。正因如此，人们便忽略了"客观"衰老所承载的知识共同体（科学共同体）的价值与取向，遗忘了如年龄规约、价值设定所服务的特定的社会政治经济目的。

二、"如何老"的制定者——组织管理者

组织管理者根据科学共同体生成的"客观""真理"制定相关的规章制度、法律政策，实施对社会成员的管控。在年龄对老年心理与行为的约制体系中（见第二章），社会赋予老年人群特定的年龄地位，设定相应的年龄规范，并将逾越规范（年龄越轨）作为一种禁忌制度，于是老年人群与其他年龄群体各有所属，各安其分，社会便有了"秩序"，社会秩序在年龄规约的框架下得以维持和稳定。如前所述，科学共同体生成的知识——老化为客观必然，那么它为年龄规约的制定就提供了合情合理的依据。但是，冠名为"合情合理"之事可能并非合情合理。正如哈贝马斯在《知识与人类旨趣》（*Knowledge and Human Interest*）中所言："知识的任何探求都会偏向某一政治或经济目的，任何权力机构都带有自己的立场，都代表一种意识形态，一种暗含的'政治秩序和社会秩序应该是怎样的'观点。故而需要对它们进行意识形态批判，以解释隐藏在看似中立的真理中的利益、立场、原则和迷思……不管来源如何可信，一个人持有的立场必然会让他或她选择某种特定的处理事情的方式而不是其他方式。"（格根，2011：18-19）

有关"何为老"的知识服务于特定的社会政治经济目的。例如，设定老龄分类的年龄标准，这不仅是一个确定多少岁数作为老化起始年龄的简单问题，还涉及人均预期寿命、个体的身心发展、人口结构、劳动力市场供求状况、政府财政收支现状及养老保险福利制度等多方面因素。统计人均预期寿命，不仅是预测多数人在世存活的时间长度，更为确定老年的时间分界点提供依据。心理学研究心理发展的年龄特征，也绝非仅仅为了增加人们对生命全程中身心发展的认识和理解，更重要的是为社会赋予老年人地位和角色提供合理化的证据。人口学统计各年龄层级

的人口数量，同样并非仅仅为了描绘人口结构分布特征，更重要的是为制定老年政治、经济政策提供佐证。政府财政收支以及养老金的发放则直接决定了老化和退休的起始年龄。目前，我国社保体制成本的代际转移方式是"以收定支"，即以在职职工缴纳的养老保险费承担退休职工的养老金。将退休年龄或老化起始年龄提前或推迟一年半载，对政府财政收支的影响极为巨大。从这个意义上讲，年龄规约实际上是一种基于个体先赋属性（年龄）的政策性安排。组织管理者在其中充当安排者、设定者的角色。

经由组织管理者规定老年人"如何老"，如设定年龄规约、赋予老年价值等前置条件，老年人便自动被置于社会边缘地位。社会分类包含等级、从属、优劣和秩序等因素，具有安排等级的效果（涂尔干，莫斯，2000：8）。社会分层的实质是社会资源的不平等分配，层级之间有高低之分或强弱之分（宋雷鸣，2010）。也有人将年龄分层比作地质分层，认为不具等级效应（李强，邓建伟，晓筝，1999）。在"老人无用论"盛行的现代社会，老年人往往被视为身体羸弱，不堪重任，毫无用处的人。相较于年轻人群，老年人显然处于边缘地位。在这里，关键问题是"无用"是对谁的无用，以及在哪些方面的无用？植根于基督教教义和资本主义精神的现代经济视人为生产工具，将个人价值等同于生产价值（Gergen & Gergen, 2000; Gergen & Gergen, 2006），其诉求是资本家及其政治同盟的利益，无用的领域自然也圈定在这些资本家及其政治同盟可获益的领域之内。现代企业视生产率为根本，追求利益最大化和损失最小化。所有贡献于其目标和价值的人得到重视、晋升和奖励，勤奋、勤劳等品质和不舍昼夜地加班等行为备受推崇，而休闲娱乐、懒散、拖延等行为则受贬抑。有研究者认为，"重少轻老"的文化意识是现代社会的主流价值倾向（穆光宗，1999）。在这种假设下，老年人对家庭、社会的"依赖"不再被视为子女尽孝的机会，而被看作社会的"负担"和

"包袱"。老年人沦为时代的"落伍者",被世人抛弃,遭子女嫌弃,被视为"依赖者""寄生者"。受制于现行的政治经济制度和主流文化价值取向,代表年轻人群的组织管理者设定年龄规约促使老年人退出职业领域,走向社会舞台边缘。老年人群容易成为社会"边缘人"。

年龄层级之间的不平等关系是权力运作的场域,与老年人的边缘地位相对的是年轻人群的中心地位,权力则是二者不平等、不平衡的直接结果。福柯曾言:"权力在本质上是一种剥夺,一种强占,对财物、时间、价值、思想乃至生命的强占,最终成为一种为压制生命而牢牢占据乃至剥夺生命的特权。"(Foucault, 1990: 138-139)年轻人对老年人的"强占"体现在两个方面:一是通过高效率的经济系统来评估人的价值。强制退休便是典型例子,老年人年老体弱,丧失了经济价值,理应退出职业领域,退休是给年轻人"让位"。二是通过联结科学共同体实现对人的心理和行为的管控。年轻人对老年人的歧视便是如此。老年人的边缘地位意味着被管理、被支配、被"强占",对这群"边缘人"的年龄规约则是代表年轻人群利益的组织管理者权力实现的过程,只不过被年龄的先赋性和自然增长属性以及衰老的生物属性给掩盖了。以年龄为标准,将社会成员区分为老年人群和年轻人群,目的是服务于年轻人群的利益。布迪厄在论述社会分类时曾言:"社会分类作为某些社会功能发挥作用,并或多或少地公开被用来满足某一群体的利益。"(胡春光,2013)以60岁为例,尽管中年向老年过渡的时间界线比较模糊,不像婴儿期到儿童期、儿童期到青少年的时间界限那样有明确的生理特征作为标志,但60岁却是普遍认可的老年起点,其原因在于它被制度化、法律化,具有政治经济意义,例如关涉到人们何时退出劳动力市场,何时领取养老金等事件(杜鹏,伍小兰,2008)。年龄"自然"增长的属性使年龄"60岁"的政治经济意义被成功隐藏,给人们造成"60岁即老""60岁必老"的假象,从而使老年人"自动"被老化、被管制、被"强占"。

　　由代表年轻人群的组织管理者设定针对老年人的规章制度、法律政策，并借助年龄在各年龄层级之间形成权力差序格局，将老年人群独立为一个特殊群体，置其于边缘地位。舒达科夫指出，年龄仍然是现代社会一个便捷的政治与组织管理工具。他预判，随着人均寿命的延长，经济等级在政治斗争中的地位可能会被年龄等级所取代（Dahlin，1991）。艾森斯塔特（Eisenstadt，1998：21-56）对年龄的跨文化研究发现，年龄通常代表具有政治法律权利和义务的社会地位，即公民身份（citizenship）。在日常生活中，年龄涉及人的学习权、工作权、公民权、社会权，影响到人们参与社会活动的机会，是分配地位、权力、资源的一个重要变量（陈运星，2012）。老年起始年龄的设定，不仅涉及老年人群的切身权益，还牵涉到整个社会资源和利益的整合与分配（杜鹏，伍小兰，2008）；不仅对人们如何界定自身的老年身份提供了标准，也对老年人的穿衣打扮、言行举止进行了规约，正所谓"你的行为要符合你的年龄"。年龄的制度性规定对各年龄人群的心理和行为乃至整个社会结构产生了普遍影响。60岁是国人步入老年期的官方规约，也是人们用于区分和识别老年人群的基本标准，对老年人的心理与行为以及社会对老年人的态度与评价有着极其重要的影响。组织管理者以年龄为标准对社会成员进行分类和分层，置老年人群于边缘地位，置年轻人群于中心地位。老年人群的弱势化、边缘化与年轻人群的优势化、中心化形成极大反差，年龄层间形成权力差序格局服务于特定的社会政治经济利益，以及以年轻人群为主导的社会文化价值（见第二章）。

三、老年信息的传播者——大众传媒

　　媒介是人与人、人与事物或事物与事物之间发生关系的介质和工具，是用以承载、扩展、延伸和传递符号的载体。人类的一切行动均处于媒介传播中，从每日上下班、外出旅行到逻辑思辨、宗教信仰，无不借助媒介才得以进行，每一种活动都有一套自洽的媒介传播系统。媒介不仅是协助人类活动的一个工具，还对社会文化进行再建构。麦克卢汉有一著名论题"媒介即是讯息"，他视媒介为"人体的延伸"，认为每一种媒介都会对社会文化进行再分类、再着色、再生产、再创造，亦即再建构，为人们的表达和思考提供新的定位，创造新的话语符号（麦克卢汉，2000：227-286）。宣传家杰里·鲁宾——一个能熟练地运用流行术语的人，一个能随心所欲左右宣传工具的人，也坦陈所有的观念、性格特点和文化模式都来源于宣传和"条件反射"（拉斯奇，1988：14）。可见媒介对人的心理和行为、对社会历史文化的影响之大。大众传播媒介简称大众传媒，是指在信息传播过程中介于职业传播者与普罗大众之间的媒介。要理解有关"何为老"的知识和"如何老"的安排是如何从科学共同体和组织管理者渗透至普通民众的，就要分析媒介传播中有关老化、老年的符号，以及媒介传播这些符号的形式、过程与结果，亦即大众传媒对老年心理的建构。

有关老化、年老的媒介符号暗含着一种视老年人为另类"他者"的倾向。媒体经常将老年人的典型形象描述为"丑陋、无牙、无性征、失禁、衰老、糊涂、无助、被动、孤独、贫穷、沮丧、无价值……自身疾病的囚徒……"（郭爱妹，石盈，2006）。从这些描述不难看出，其中使用的语言符号蕴含着对某种社会价值的倾向和偏好。将老年人群描绘为"丑陋"意味着与之相对的年轻人群"美丽"，"无性征"对应于"有性征"（代表生育、青壮），"贫穷"相对于"富裕"，"无价值"与"有价值"相对应……形容老年人的任何词语都能找到它的反义词，正是意图描述一种行为的同时就建立了某种相应或相反的行动（Gengen, 2014; Holstein & Gubrium, 2000: 55）。对老年人的贬低则是对年轻人的褒扬。有研究者（殷文，2008）分析了国内电视广告塑造的老年形象：不够健康、传统而保守、依附于年轻人、低消费。这些词语无一例外地将老年人群塑造为时代落伍者、文化反哺对象、低消费群体，从而使老年人在话语权中丧失发声的机会而处于"失语"的境地。甚至有研究者夸张地说，老年人的话语增权（empower）和失权完全取决于媒介塑造的老年形象（殷文，2008）。实际上，对老年人的某些称谓（如"老不死"）、老年人的居住场所（如敬老院）（Thompson，1992）、公共场所设置的老年专区、设计的老年专属用品等，都明里暗里表达了同一个含义：贬低老年人。这些符号借助媒介的广泛传播，渗透到人们的日常认知和行为实践中，成为用以描述老年人的主要资源。大众媒体不断地重复着"褒青贬老"的主题和"我优他劣"的逻辑，强化了"我群"（年轻人群）与"他群"（老年人群）的群体边界，将老年人群异化为处于社会边缘的"他者"。

大众媒介传播的单向性强化了老年人群的边缘弱势地位。波德里亚（2006：67）指出，大众媒介是一种单向、非互惠、无回应的交流过程，无论是电视广播还是报纸杂志无不如此，回应的缺席使接收者处于一种单向的接收状态，麻木、无动于衷地接受各种信息。这种自上而下的单向的媒介传播具有极强的垄断性，一方面，为"何为老"的生成者——科学共同体和"如何老"的制定者——组织管理者等"权威"发声，使"重少轻老"的文化价值得以弘扬，结果是年轻人的优势地位呈几何级高涨，而老年人的劣势地位则呈几何级下降；另一方面，阻断了老年人群的意见和反馈通道，致使老年人群处于"失语"状态，将其变成一群"沉默的羔羊"。大众传媒在科学共同体、组织管理者与老年人群之间设置了一道"安全"屏障，为"重少轻老"的文化意识渗透至社会生活的各个角落打通了路径，强化了年轻人群的优势、中心地位以及老年人群的弱势、边缘地位。

由媒介建构的关于老化、年老的符号往往被当作普遍的"真实"为人们共享着。借助大众传媒，衰老的符号构成了人们关于何为老年人、老年人应该或必须如何趋同共识，亦即一种普遍认可的"真实"。这些符号由此获得了一种超个体性，不仅为全体社会成员分享、交流、实践，甚至被数个世代的所有成员近乎同质化地共享。在波德里亚看来，被媒介塑造的"真实"是仿真（即对真实的模仿和重塑）的结果，是人为生产出来的、被人精心雕琢过的、被扭曲了的现实，是被大众一体化了的现实（路俊卫，2009）。被扭曲了的"现实"通过媒介传播被进一步放大，进而成为大众一体化的"现实"。这些"现实"为科学共同体"客观地"描述（基于大多数人，统计上显示达到95%）老年人以及预测、控制老年人的心理和行为提供了现实土壤，也为组织管理者制定年龄规约和设定老年价值提供了现实依据。而且，这些普遍的"现实"为人们共享，要求统一的行动或行为，从而对老年人的心理和行为提出了一种"软性"的强制要求，规范着老年人群的心理和行为。

用以描绘老年人群的媒介符号蕴含着对这一群体的心理与行为规劝。通过命名事物的方式达到暗含某种行动的目的（Gengen，2014）。例如，用"衰老""疾病""自杀"来形容老年人，意味着要"延缓衰老""治疗疾病""预防自杀"。对一个年过半百的职业员工说"你老了"，可能意味着"你应该致仕回乡，享受晚年清福"。常言"多少岁的人就应该有个多少岁的样"，乃是对人们表达年龄期望最通俗的表述（Elder，1975），此表述直接规约了各年龄人群的心理和行为。年龄分类、年龄地位、年龄角色承载的有意义的符号在媒介传播中经过锚定（anchoring）和客体化（objectifying）过程为人所命名和阐释，被转化为客观、具体的事物，并透过所谓潜移默化的理智或情感过程内嵌到人们的日常实践中（Moscovici，1988），不仅强制规约了老年人群的心理和行为，也左右着社会和其他年龄人群对老年人群的认知、态度和评价。通过媒介传播，人们对现实生活中老年人应该怎样着装、怎样行动才算恰当得体地进行价值评判。例如，老年人应着灰黑色服装而不宜着暴露装、紧身装，行为表现要沉稳得当而不宜过于情绪化等。这些评判和劝告如流言蜚语，虽未成文，却普遍规约着老年人的心理和行为。

四、老年心理与行为的践行者——老年人群

老年人群作为老年信息的受众在其中扮演着践行者的角色。老年人的实践体现在两个方面：

一是他们习惯性地根据年龄将自己归入老年人群，获取集体归属感。老年人群是一个迥异于其他年龄人群的独特群体。他们享有微薄的养老金等福利，拥有大量的闲暇时间，摆脱了工作压力，享受无限的自由，处理问题也颇有经验和智慧，但是，他们仍然受到老年刻板印象的强制影响，遭受偏见甚至歧视，处于社会边缘地位。在与外界交往的过程中，老年人或多或少会遭遇刻板化甚至污名化，获得不同程度的负面体验，或受到偏见，或遭到歧视，逐渐意识到"年龄不饶人""青春已逝"，发现自己与社会所推崇的"年轻"相去甚远。于是，老年人自然萌发一种集体归属愿望，致力于建立一个同质性的老年圈，以寻求安全感和归属感。人一旦达到老年的起始年龄，就习惯性地将自己归入老年人群，向内寻求归属，建立属于内群的交际圈，集群体力量建立战壕、形成壁垒，对抗外群的负性评价。这是一种基于自我保护的防御性策略。这种防御性的自我保护表现为老年人群以年龄划分出我群的专属领地并坚决拒绝外群的闯入，有意无意地回避与年轻人的接触和交流，囿于习惯性的同龄交往圈，形成一种自我区隔的状态。老年亚文化理论可对"老年人向内寻求归属"现象作出解释：对歧视和疏远的一种反映就是被歧视者意识到"我群"的不同信仰、行为和群体观念而自觉或不自觉地形成一种亚文化。亚文化在群内人的控制下一方面保护内群的成员免受外群的歧视，另一方面也满足内群成员的集体归属感（唐仲勋，叶南客，1988）。不可否认，形成老年亚文化的确有助于老年人顺利步入老年，

促进老年人群内部的交流和互动。然而，与其他年龄人群形成的区隔也可能阻断老年人群与外群的沟通，使双方渐渐疏离，乃至引发敌意。双方的沟通障碍和敌意反过来又可能加剧老年刻板印象、消极老化态度、老年偏见和老年歧视，致使老年人群被二次边缘化。

二是他们自然接受社会赋予的老年地位、老年角色，遵守社会设定的老年规范。分类学代表了某一社会大多数人对能够接受的行为的共同约定（Mathews, 1999），它以改变或维持某种意义的方式影响各类别集群的行为和生活。老龄分类亦是如此。年过六十，"我"便"自然"迈入老年，成为老年人，依照社会认可的老年生活方式生活；"我"开始回忆，开始思考自己一生的价值和意义，以及关于离世后何去何从的终极问题；大众媒体关于老年的报道越来越受到"我"的关注，为"我""如何过好老年生活"提供各种模板……一旦建立某一分类标准，则契约被订立，现实被创造，价值被分享（Gergen, 2009: 277），同时意味着各类别的人应该依照社会规定的应有的方式进行生活和行动。老年与中年的年龄分界表达了对老年人群的社会期望，要求老年人群的言行举止符合社会期望。例如，年华垂暮的"我"就应安享晚年，不宜斗志昂扬；白发婆娑的"我"应着青鞋布袜，不应浓妆艳抹。正如人们常说："过了六十的人就应该有老人的样。"显然，这对于老年人而言是一种基于老龄分类的对老年地位、老年角色自我认同的建构。经过这样的类别建构和自我形塑，老年人便将老年身份内化为自我的一部分，确立老年身份认同与老年自我分类，进而轻易地理解"我"作为老年人的地位和身份以及社会上其他人对"我"的期待。殊不知，老年人遵从和践行年龄规范又贡献于老化知识的生成和年龄规约的维持运作，维系了社会对老年人设置的心理与行为规约。

老年人的行为也被组织管理者置于社会评价中。年龄要求老年人扮演特定的社会角色、履行特定的社会义务和职责、具备符合社会期望的心理并作出与其年龄相符的行为。《礼记·曲礼上》记载了老年人在不同年龄段应有的责任和享有的权利："五十曰艾，服官政；六十曰耆，指使；七十曰老，而传；八十九十曰耄，七年曰悼。悼与耄虽有罪，不加刑焉。百年曰期，颐。"组织管理者或以法律制度形式，或以社会道德舆论形式，来确保老年人的言行举止符合其年龄所表达的社会期望，同时也根据个体年龄来判断其心理和行为是否达到社会对处于该年龄段的人的要求。在社会的各个水平层次均设有监督者或调控者，在个体水平上他们可能是朋友、父母、雇主，在地区水平上他们可能是当地居委会、社区、学校，在宏观水平上最终决策者可能是政府或国家（包蕾萍，2005）。为此，老年人被赋予的年龄地位、年龄角色不断被老年人内化和实践，成为约束他们的行为准则和社会规范。这些准则和规范以外显或内隐的方式，以理智或情感的形式内嵌于老年人的日常生活与行动中，无时无刻都在规范着他们的心理和行为。老年人群也在接受、认可和践行的同时建构着自身的心理和行为。阿烈克斯·康福特对此曾作出精辟总结："'老人'的精神及态度的变化中有很大一部分并非来自生理的影响，而是他们自己扮演老人角色所造成的后果。"（拉斯奇，1988：229）

第二节 老年心理在建构者的联合行动中生成运作

一、科学共同体为政策制定和信息传播提供实证依据

科学共同体作为知识的生成者发现"何为老"，借助大众传媒这个传播工具，扮演清道夫角色，为组织管理者设定、安排"如何老"扫清障碍。科学共同体将人随年龄增长出现的衰老描绘成必然的、客观的、

固有的现象和规律。这为组织管理者区分老年人群，设定老年人的地位、角色、规范提供了实证依据，使之有据可依、有证可循。对于"为何以60岁作为老龄分类的标准"这一问题，组织管理者可能会理直气壮地说："这是科学研究的结果。"科学研究者则会给出详细解释："这是基于合理的假设，采用科学的方法，经由严密的逻辑推理，得出的客观真实的结论。"例如，生物学和医学研究者凭借先进的仪器测出外显特征、细胞血液、内脏器官、组织系统等人体生理指标在各年龄段出现的变化，心理学家通过长时间的纵向研究（如跟踪研究）和基于大样本的横向研究（如调查研究）绘制出认知、情感、人格、行为倾向、心理健康等心理指标的年龄发展曲线……大多数（统计上显示达到95%）科学研究成果都指向一个'事实'：老化始于60岁。于是，老龄分类标准得以确立，老年人步入60岁即进入老年，开始老化。当"老化始于60岁"被打上专业的印鉴通过媒介广泛散播于社会时，人们便开始以同样方式来理解自己和他人。正如普通民众给出的理由："因为人到60岁就老了，这是众所周知的科学研究结果。"进一步追问，他们还能如数家珍地罗列一系列证据：毛发由黑变白，光滑的皮肤失去弹性，记忆力不如从前，耳不聪目不明，等等。由此可见，科学共同体的话语权在学界、政界、日常生活乃至整个现代社会占据着权威地位，组织管理者正是借助其至高权威来维护年龄规约和老年价值的合法性。科学共同体建构的"何为老"的现实，通过大众传媒的广泛传播，将组织管理者设定的年龄规约、老年价值合理化，从而告知老年人应该"如何老"。

二、老年人的习得内化进一步强化老年体系

老年人以自身的创造和资源参与对老年心理的建构。一方面，体现在老年人对"何为老""如何老"的习得。在大众传媒的广泛传播下，人们获取"何为老""如何老"的相关知识，通过同化或顺应给予认可，

进而将其内化为一种生活方式，将之纳入日常生活作为一种行动方式予以实践。另一方面，体现在老年人对"何为老""如何老"的实践。这一实践过程将知识、观念外化为行为或行动，老年人的行为或行动又通过媒介被他人解读和发表，经由他人根据一定的标准加以审视、评判、纠正，最终为社会所接受，成为新的老年体系的来源。接下来，本书将先阐述老年人的习得和内化过程，然后论述老年人的实践和外化过程。

社会时间表是个体在生命早期习得老化知识并规划老年生活的主要来源。老年科学研究认为，年龄增长是必然的，处于增龄中的老化也是必然的，是人人逃脱不了的"宿命"。人们从小就被告知"人必然步入老年，走向老化和死亡"，也曾围绕这样的主题设想和规划未来的老年生活。当岁数增至老年的起始年龄，人们则"自然"实践着之前的设想和规划。社会时间表及以其为基础的"公共生命历程"是我们规划、设计老年生活的主要资源。社会时间表是以数字序列形式（年龄）表达社会文化对个体生命进程的一种规制，是一种具有明显时间特征的约束性的公共意义或社会路线，它规定了人在生命历程中可以或必须作出某种行为、完成某个事件的恰当时间（包蕾萍，2005）。"恰当时间"的意义在于将个体生命发展标准化，把个人的生命历程转化为独断式的公共事件，使之成为一种"公共的生命历程"。为监督社会成员严格遵照这一"公共生命历程"，社会以法律、政策等"硬性"手段或以教育劝改等"软性"方式来纠正、矫正个人的人生道路。为确保个体生命历程不偏离"正轨"，人们不断强调像职业生涯规划乃至整个人生规划等目标的重要性。在童年时代的少年儿童常常被问及"你长大了想成为什么样的人""你的梦想是什么""你以后想要做什么"，这类主题也频繁被用作升学考试写作的主题，而"公共生命历程"恰恰是回答这类问题最常用也最重要的资源。当人们步入老年，则开始按照曾经预设的方式进行生活。这就像一个自我实现预言的过程，亦即实现之前预期的老年生活：例如，将自己归入老年人群、获得老年身份与地位、扮演老年角色、遵守相应的规范，等等。

以社会时间表为基础的"公共生命历程"向人们直接呈现了老年印象，即人们所熟知的老年刻板印象，对老年刻板印象的习得为老年人接受"何为老""如何老"打通了一条路径。人们不断被告知老年人是这样的：不健康、贫穷、消极、依赖、衰退、丧失、脱离、失能、存有自杀倾向、患有心血管疾病、临近死亡（Levy, 2003）。这些刻板印象构成老化的具体内容：交通警示牌上针对老年人横穿马路设置的图案是倚着拐杖患有骨质疏松症的丑陋的驼背老人；电视、报纸上的老年人常常被描述为应得到同情的犯罪受害者，抱有悲悯之心的慈善家和指责社会福利不足的评论家都视老年人为无助的、贫困的、被社会孤立的、依靠车轮送餐的、需 OAP 俱乐部保护才能进行娱乐的、被家庭抛弃至养老机构的（Thompson, 1992）弱者。生日卡片、自助书籍、流行笑话、产品广告不断地向人们传递"人正走在通向老年的衰退之路上"的信息（Gullette, 1998）……类似信息形塑了人类老年期的未来可能自我（Markus & Nurius, 1986）。有研究显示，人至 40 岁，恐惧未来自我的表征中就整合了消极老年刻板印象，他们尤其担心自己在年老时丧失自理能力、依赖他人（Bybee & Wells, 2003）。老年研究者也往往把老年人群当作弱势群体看待，对他们的研究总是涉及"同情""解决问题"等字眼（黄哲，2012）。消极老年刻板印象如此盛行，以致老年偏见、老年歧视等行为成为最习以为常的、被社会普遍接受的偏见和歧视（Kite, Stockdale & Whitley, et al., 2005）。因此，人们根据社会时间表或"公共生命历程"规划老年生活，就是在酝酿接受和认可老年刻板印象，为即将步入老年期接受"何为老"和实践"如何老"作准备。

对老年刻板印象的早期习得与内化使老年人易于接受科学共同体生成的"何为老"和组织管理者设定的"如何老"的接受度和认同度。不少研究证实，人在生命早期通过"公共生命历程"习得老年刻板印象，并在随后的生命阶段将其内化为自我刻板印象。内化是老化自我刻板印象（self-stereotypes of aging）形成和发展的作用机制，该机制不断地塑造老年人坚信自己是一个有别于其他年龄人群的群体类别（Wheeler & Petty, 2001）。老年刻板印象不像种族刻板印象或性别刻板印象出现在群体自我认同之时，它在人变老之前的数十年里就被个体习得和认可。也就是说，人在年轻时便认可了老年刻板印象，并未对这些印象的对错与否进行发问或质疑（Perdue & Gurtman, 1990）。进入老年期后，老年刻板印象就被自动内化，成为老年人自我的一部分。当岁数越来越大，人们就越来越不会反对消极刻板印象对自我施加的影响（Levy & Langer, 1994）。实际上，人在年轻时越认同消极老年刻板印象，在老年期就越可能视其为理所当然，越容易将其转化为自我刻板印象，因为年轻时对老年刻板印象的认同降低了人们对消极老年刻板印象的防御能力。老年人一旦认可、内化了老年刻板印象，那么接受"何为老"和实践"如何老"就有了充分理由，就越容易视其为"理所当然"。

忌讳年轻人思考老化问题，增加了人们对老年刻板印象的易感性，从而增强了个体对"何为老""如何老"的接受度和认同度。个体在步入老年之前思考老化问题常常被人们视作一种"病态"，既不受鼓励也无人提倡，甚至被当作一种禁忌。美国人类学者玛格丽特·克拉克在对人生晚年问题进行人类学民族志分析时指出：对晚年进行沉思常常被认为是一种病态的专注——一种不健康的关切，一种忧郁而消极的怪异举动，有点类似于恋尸癖（索科洛夫斯基，2009）。不少老年人也认为，老年才是考虑老化问题的"恰当"时间。一旦遇到其他年龄人群谈及老化问题，人们的自然反应常常是拒绝或劝诫："你太年轻了，不适合谈这个话题。"这种做法无疑提高了人至老年后对老年刻板印象的易感性，结果，我们自身成为"受害者"。莱维（Levy，2009）的刻板印象具身理论（stereotype embodiment theory）对此种做法的危害作了详细解释：年纪小时，我们认为老化与己无关，对老年刻板印象的敏感性降低；年纪大些时，我们用消极老年刻板印象来描绘老年人，因为他们的老化于己有益，甚至有些人为获取资源而不惜损害与老年人的关系；年老时，我们自然而然地成为老年刻板印象的受害者。在生命早期，我们就将老年刻板印象当作毋庸置疑的常识来学习和内化，彻底遗忘了它的历史文化根源，意识不到它是文化抛掷给我们的以及我们自身在多大程度上卷入其中。我们好似温水里煮着的青蛙，习惯了老年刻板印象，认为老年人理应如此，从未怀疑过它的合理性，从未思考过它所承载的社会意义，从未认识到它约定俗成的本质（莫斯科维奇，2011：23），结果就是它被固化为人们普遍共享的"毋庸置疑"的"现实"，人们也学会了用漠然的心态甚至心理免疫来取代那些自然的反应（Gergen，2009：278）（例如，老年人对老年刻板印象的自然反应，应该是反对而不是漠视或麻木），最终伤及的是人们自己。当人们自己被刻板化为大家所熟悉的"老年人"时，那么接受社会设置和规定的"如何老"便成为理所当然。

三、老年人的实践外化为老年体系的生成提供数据来源

老年人群不仅通过媒介习得"何为老""如何老"，他们的实践反过来又为生成新的老年体系提供数据支持。建构主义者认为，身份的社会建构包括主观和客观两重性，既需群体自身对其身份的主观认同，也需客观外在于群体之外的社会性建构（赵晔琴，2007）。与之相适应，老年人对"何为老""如何老"的实践也受到两股力量的推动：一是已习得和内化了的老年刻板印象；二是对老年人群的社会性安排。此两股势力相互交错，一方面通过长期性潜移默化的渗透过程使老年人"主动"或"默认"地实践，另一方面通过法律、政策的强制实施将老年身份强加于人，让人们接受认可。下面，笔者将从这两个方面来分析老年人践

行过程及其实践如何通过媒介反馈至科学共同体和组织管理者。

一方面，老年人经刻板化对"何为老""如何老"的接受、认可和实践，被大众传媒解读、放大，成为科学共同体研究"何为老"和组织管理者安排"如何老"的现实来源。人们在生命早期对老年刻板印象的习得过程，从某种程度上说，就是将老年相关知识和制度安排强加给个体的过程。只是人们没有意识到这是一种"强加"，也没有意识到自己卷入其中的程度，因为老年刻板印象是人们用于理解和规划未来老年生活的主要资源甚至是唯一资源。于是，接受年老往往被当作"理所当然"，被认为理应如此，从而使老年人自身丧失了对"毋庸置疑"的老化的敏感性和批判力。这种"毋庸置疑"的老化被加诸于人们的认识活动之上，被嵌入人们日常生活的交流和沟通中，规约着老年人群的心理和行为。例如，在面对冷冰冰的退休制度时，老年人无论愿意与否必须退出职业劳动市场；在宣扬"多少岁的人就该有多少岁数人的样"的媒介传播下，老年人不得不扮演一位名副其实的"老人"；当科学研究将"客观必然的老化"作为描绘老年的唯一客观方式时，老年人记录生活的方式被控制，"必然客观的老化"便成为描绘老年的唯一资源。当人们用这些老化的"现实"及其相关的词汇、符号来描述和解释老年人群的特征和行为时，对老年人规定的行为举止、心理状态则不断被具身化、实体化、常识化，也就越来越被视为"理所当然"。"如何老"一旦成为公众名誉，被公认为"本该如此"的事实时（格根，2011：66），它便有意无意地侵入人们的日常行动中，使老年人的心理和行为从一开始就与那些刻板印象相一致。结果便是，老年人有意无意地实践着社会为其设定的心理与行为规约。老年人的实践，在他人看来，往往被解读为对年老必衰的一种实际印证。例如，自称"老人"不仅是对自我身份的一种确认，也是向他人宣告自身的老年身份。一旦双方达成一致意见，"老年身份"便成为一个共享的可理解的"现实"——为特定社会或社群所接受和认可的社会共识（管健，2009）。在日常生活中，我们不经意地、习惯性地接受、践行所处社会的年龄规约，从某种程度上说，就是对"如何老"这一社会共识的"证实"。这种"证实"恰恰是科学共同体生成"何为老"的主要资料来源，也是组织管理者制定与老年相关的政策、法律、制度的现实依据。在现代信息社会，老年人的一个不经意的实践行动，特别是那些与社会预期不一致的"奇葩"行动或行为，最容易成为大众媒体报道的焦点，而媒介传播最擅长对事件的解释无限放大、夸大，就像"多米诺骨牌效应"，会使老年人的实践行为在更广泛的范围内达成一致意见。从而使科学共同体根据大样本作出某种结论（如老化为客观必然）成为可能，继而为组织管理者制定适合"多数"老年人的政策提供了现实根基。

另一方面，作为受众，老年人不得不屈从于老年政策法律，这种"屈从"又成为更新老年体系的新资源。国家法律、政策对老年人的心理和行为有巨大影响力（杜鹏，伍小兰，2008）。组织管理者将老年人应该"如何老"法律化、制度化，形成一个强加于人的外在"现实"，此"现实"经过老年人的日常生活实践被认可、被内化、被固化，铭刻在老年人的言语谈话、形体外貌和行为举止中，构成了老年人身份认同及其意义解释的制度性力量。人口划分的制度性安排以及退休制度和养老保险制度的实施，将老年人排除在职业劳动市场之外，使老年人成为失去劳动生产价值的"无用者"甚至耗损社会资源的依赖者，有意无意地将其建构为一个特殊类别的年龄人群。这种建构直接导致老年人不得不意识到自身的"无能"以及个人价值的丧失，自卑、无奈、孤寂、落魄成为老年生活的主旋律。媒体对老而无用论狂轰滥炸式的报道，悄然无声地潜入老年人的日常生活，左右着老年人的认知和思维模式，成功地将老年人群塑造为一个社会"寄生者"。面对强劲的外力排斥，加之主流道德对老年形象的伦理道德期望，老年人唯有屈服。而这种"屈从"，在他人看来，显然是对老年制度、政策和法律的认可，是对代表年轻人群的组织管理者的权力的认可，也是对"重少轻老"社会主流价值的认可。这些反馈又进一步成为组织管理者制定新的老年政策法律的资料来源，从而使旧的老年体系得以更新。新的老年体系则再次进入媒介传播领域，被老年人群习得、内化、付诸实践。

综上所述，组织管理者和科学共同体共同将老年人的心理与行为机构化和专业化，老年人的实践实则是对这两种建构者话语的实践。老年人群在日常生活中会有意无意地受到社会正式或非正式的引导、控制、规训，其心理也被形塑、被同质化为统一的、标准化的"公共"心理。不可否认的是，我们确实越来越依赖于专业实践和机构权威，向形形色色的专业人士和机构代理者寻求帮助和指导，不断地使用学界专家和部门机构的话语来界定、解释、处理个人所遇到的问题或难题（Holstein & Gubrium, 2000: 193）。社会上存在学校、教堂、医院、政府等大量人类服务机构，他们将以阐释个体内心深处跌宕起伏的思想与情感为己任，时刻准备为人们提供专业指导和建议，帮助人们化解难题、缓解痛楚（Holstein & Gubrium, 2000: 195）。例如，在人们自己或家人罹患重病时往往不知所措，就会不由自主地向那些能够给出界定、诊断、解释的医学专家求助，通过他们的术语、资源和参数来描述疾病，依照他们提出的方案进行治疗。人们不断使用"客观必然的老化"来解释和建构自身的老化，以此为基础的年龄规约进而被合理化。同时，老年专家学者、政策制定者的术语和话语成为老年人解释自身生活的普遍意义之源。老年人的心理和行为由此不断被专业化、机构化。在专业化与机构化的正式、官方的庇护下，老年人的心理与行为被统一化、标准化，个体间的差异（或多样性）一并被消除。从这个意义上讲，老年人对"何为老""如何老"的实践，实则是对科学共同体以及组织管理者的权威话语的实践。登青用"触底"一词形容养老机构入住者对机构界定的"老化"的认同过程以及用机构的"老化"重构自身老化的过程。老年人一旦进入养老机构就会自觉地采用机构的解释框架，按照机构的要求对标自己的老化特征，按照机构设定的蓝图一步步"老化"（Holstein & Gubrium，2000：195-199）。在养老机构里，机构的"老化"是权威的、专业的老化。现代社会是一个扩展了的"养老机构"，其中，权威的老化是组织管理者和科学共同体共同界定和设定的"老化"。布迪厄曾言："在社会系统中，每个人都是一个表演者，大多数人演绎着主流价值，复制着权威的、专业的、官方的话语。"（胡春光，2013）居于现代社会的老年人自然也在演绎那种"客观必然的老化"，成为科学共同体和组织管理者的代言人。

老年人在践行"何为老""如何老"的过程中运用机构组织的话语阐释自身并为其所限，实现了科学共同体和组织管理者的权力，贡献于"重少轻老"的主流文化价值。科学共同体和组织管理者凭借其在社会系统中拥有的权威，以其自身的话语来表达和评估人们生活的方方面面。福柯曾言，组织机构为人们提供了特定的词汇和词语——机构性话语以及"独特的视角"（gaze），以某种特殊的方式建构了人们的现实（Holstein & Gubrium，2000：195）。生物学、心理学、社会学的各种老化理论无不如此，它们提供了某种独特的有关老化的"叙事"方式。但是，只有那些符合某种目标或特定群体利益的叙事方式才被选中，并置于权威、专业的"真理"保护伞之下，最终形成社会主流的解释与叙事方式。此主流方式为普通民众提供描绘老化的模板、比喻和词汇，并限定了人们认识、解释的可能范围。其他非主流方式往往被贴上"非科学"标签，或者遭受批判纠正，或者被清除遗忘。社会文化总有一种特殊机制和本能，可以筛选出某种"真实"或"事实"（索科洛夫斯基，2009）。这种过滤后的"真实"在媒介传播过程中往往被赋予更多的解释、价值和意义，成为大多数人所共享和认可的"真实"，进而演变成强势的价值观念（杨宜音，2008）。这种强势的观念渗透至老年人的日常生活，使他们形成符合社会期望的老年思维与行为模式，让他们为自己的生活选择设限（Gergen & Gergen, 2010）。正如马克思·韦伯所批判的，参与者的"声音"（voicing）总是处于机构和组织的支配下，个体完全寄生于机构传统中，不再像能动者一样思考和行动（Holstein & Gubrium, 2000：205-206）。显然，老年人群的认可、实践将贡献于"重少轻老"的社会主流价值，他们的实践活动就是最好的证明。基于社会对年轻价值的重视和强调，一方面，赋予组织管理者管理权，授予科学团体知识生产权，允许他们对老年人群作出区分并予以管理和监督；另一方面，要求老年人群采取合作的姿态，扮演特定的角色，履行特定的义务和职责，作出与其年龄相符的行为。弗洛伊德（Freud, 1997）把老化定义为一种"适应"，即个体逐渐接受自身生理机能水平和社会地位变化的适应性行为方式的过程。简言之，此"适应"即是对老年生活"如何老"的适应。对老年人"适应"的要求正扮演着年龄规约、老年价值之所以能持续运作下去的关键角色。

四、老年心理建构的循环圈

科学共同体、组织管理者、大众传媒和老年人群四类建构者共同构成一个互动圈，各自在圈内担任特定的角色，发挥特定的作用，共同建构老年人的心理和行为。科学共同体为组织管理者管理、安排老年人群提供理论依据，后者则在前者提供的"科学"证据的基础上制定具体的老龄分类标准，设置老年人的地位、角色和规范；老年人群作为受者对组织管理者设定的"如何老"进行实践，并汲取科学共同体的研究成果来理解自身的心理与行为；大众传媒对老年信息的传播则贯穿于其中的任何一个环节。没有组织管理者的设定、安排，对老年人的管理规约就不可能存在；没有科学共同体提供"科学"证据，"何为老"的知识、"如何老"的规约就无法获得大众的信任；没有大众传媒的广泛传播，老年信息也不可能贯穿于人们的日常生活；没有老年人群的认可和实践，老化知识、老龄政策等也不过是一纸空文。在符号互动理论看来，老年心理现实就是人与人、人与团体之间达成的现实，源自双方的共识和角色扮演，通过社会互动的动态过程得以形成并被实践（Holstein & Gubrium, 2000：19）。社会建构论者也认为，任何有意义的事物或行动都源自人与人、人与团体或事物之间的互动、合作与协商（Gergen, 2009：32）。四类建构者之间的互动、合作与协商过程就是老年心理的生成、实践、解构与重构过程。

　　四类建构者之间的互动过程即是老年心理现实生成和运作的场域，他们之间的互动形成一个循环圈。科学共同体将老年人群建构为一个衰老、无用、病态、濒临死亡的特殊群体，为"如何老"的制定提供合法化依据；组织管理者受制于现行制度和"重少轻老"的文化价值，设置针对老年人群的规章制度、法律政策，服务于社会政治经济目的；媒介以其隐秘的力量将另类"他者"的老年形象渗透到人们的日常生活中，构建着老年人已经年老、"举止应与年龄相符"的"现实"；老年人群在接收充斥着老年刻板印象的媒介信息的过程中接受、理解、认可、内化、实践着相关的老化知识、年龄规约等信息，参与建构自身的边缘化地位；老年人群对"何为老""如何老"的认同和实践经由媒介反馈至组织管理者和科学共同体，成为生成老化知识和制定年龄规约的"现实"证据；由此，四类建构者形成一个循环圈，如图5-1所示。在这个循环圈里，老年人通过对"何为老""如何老"的习得、认可和实践置身其中，扮演着不可或缺的"实践者"角色。他们的实践，证实了"何为老"和"如何老"的合法性和合理性，认可了科学共同体和组织管理者的权威地位及话语权，贡献于"重少轻老"的主流文化价值。老年人越认同媒介传播的老年信息，其接收到的社会规约就越多，他们自己因此陷入媒体漩涡的可能性越大。在此循环圈里，科学共同体拥有的知识话语权、组织管理者所服务的社会政治经济目的、媒介的传播工具角色、老年人的老化"现实"及边缘地位，在四类建构者相互界定、相互确认、相互认同的过程中被不断强化和固化。

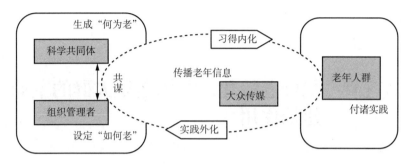

图5-1 老年心理现实生成的循环圈

从图 5-1 可以看出，科学共同体提供"科学"证据，组织管理者制定针对老年人的社会规约。受众是老年人群，他们将"何为老"以及"如何老"付诸实践，在实践中不断确认和强化各种老年心理现实。大众传媒传播老年信息，贯穿于老年心理现实生成与运作的整个过程。

科学共同体、组织管理者、大众传媒、老年人群共同实现并更新对老年心理现实的建构。科学共同体为组织管理者提供实证论据，后者在此基础上制定具体的老龄分类标准，设置老年人的地位、角色与规范。大众传媒将老年信息的传播贯穿于整个生成与运作过程，通过对老年信息的整合、提炼、浓缩和放大不断建构和重构着老年心理。老年人以其自身的创造和资源参与对老年心理现实的建构。老年人通过媒介传播中的社会时间表习得相关的知识并将其内化，将其纳入日常生活作为一种行动方式予以实践；老年人的实践将老化的知识、观念外化为行为或行动，老年人的行为或行动又通过媒介被他人解读和发表，成为新的老年体系的资料来源。新的资料来源经科学共同体的考证和组织管理者的制度化或法律化，被纳入旧的老年体系，从而形成新的老年体系。新的老年体系通过个体学习，再次被个体内化和重构并予以实践……使老年体系不断更新。由此，老年人群与科学共同体、组织管理者之间通过大众传媒形成系统循环。在前者与后两者的互动过程中，双方彼此促进对方的知识更新与再生产（杨莉萍，2006：128），共同建构老年人的心理与行为。

第三节　积极老龄化：发挥老年人群的主动建构作用

一、认识到科学主义的研究只是一种范式

科学共同体对老年的研究属于科学主义，是一种范式研究，这种研究老年的范式存在诸多问题。科学主义范式追求的是客观性和逻辑实证，目的是通过收集可证实的事实对社会现象进行有效的推广。威尔森（Wilson，2009）指出这种范式存在的问题：一是假设老年人是一个同质性群体。尽管收集了各类数据，但样本始终太小；不同性别的老年人存在巨大差异，但研究却统一假设老年人无性；出生率日渐趋低、寿命长度增加，人口从金字塔型走向圆柱型，这些变化意味着之前的研究失去了预测效力；基因的多样与体验的多样交织在一起，共同形成生理的、社会的、经济的、情感的多样性，这些差异性和多样性或者被认为无关紧要，或者从一开始就被彻底忽视。二是暗示"老年歧视为客观现象"。科学主义范式宣扬客观性和价值中立，在研究年老和死亡问题时，情绪情感开始冲击科学主义范式。尽管老年人对年老和死亡的体验、观念存在诸多差异，但科学主义的研究依旧根据恐惧和敌意的有偏样本得出结论，于是老年偏见被大众传媒广泛传播，传播的结果又形塑了老年偏见的事实。例如，在英国的人文与社科电子数据库搜索与老化相关的文献，

会发现老化是一个涉及死亡、痴呆、停经、衰老的生命阶段，老年人是一个关涉年龄、老化、老年病学、社会歧视、社会问题，甚至还有老年虐待、老年照料的年龄群。由此可见，老年一点阳光、正面的东西都没有，但研究者认为这是对老年的"正见"而非偏见。三是忽略了专业术语对各类老年人的意义。例如，退休真的是一个人生转折点吗？对于那些仍未达到领取养老金的年龄又无收入的人来说，退休年龄是非常有意义的，但对于爱尔兰西部的老年男性来说却没什么意义，因为他们本来就没什么工作，也就无所谓养老金问题；对于某些女性来说，退休后的收入可能增加了不少，但对于大多数人而言却是大大减少了；那些退休后继续全职／兼职工作的人认为，退休不是职业生涯的中断，只不过换了一份工作而已。

年老的消极建构其实是科学主义范式"误测"的结果。对于老年而言，有人形容它为"魔鬼地狱"，容颜尽失的老年女性称其为"噩梦"（Jacoby, 2011: 12）。衰退、罹病和死亡几乎构成了老年的全部。无论是炼取丹药冀图获得永世之身的"愚行"，还是探索防老化基因延长寿命的科学研究，甚至通过运动锻炼、食用保健品以延缓老化进程或以服装、化妆来掩饰衰老体征的做法，都体现了老化对人的消极意义。尽管也有不少研究强调老年的积极方面，例如有心理学研究得出与老年人记忆力差、灵敏度低、思维迟钝、性格执拗、孤僻等截然相反的结论［《积极老龄化电子通讯》（*Positive Aging Newsletter*）是收录此类研究的一本电子杂志］，也有不少研究向"增龄等同于老化"这一观点发难（Thompson, 1992; West, Bagwell & Dark-Freudeman, 2005; Grenier & Hanley, 2007），但是，老化的消极建构依旧占据主导地位，仍然是普通民众和学术研究关注的焦点。老化的消极影响也因此被夸大、被放大，以至于大多数普通民众都误认为衰老是老年期的唯一特征，认为人进入老年期的任务就是适应衰老。理查森和谢尔顿（Richeson & Shelton, 2006）曾发文批评，西方文化倾向于将生理和心理方面的衰退（decline）夸大，传达了负面的老化刻板印象。塞尔策和阿奇利（Seltzer & Atchley，1971）也批评说，社会老年学家对老年的消极方面过于敏感，常常捕风捉影，无中生有。约翰逊和巴雷（Johnson & Barer，2003：5-6）指出了老年研究的三大误解：（1）老年人只得到一位家庭成员的照料和支持；（2）参与社会活动是老年幸福的必备要素；（3）维持自我概念的连续性是"成功适应"老年生活的基本条件。针对此三大误解，他们以 85 岁以上老年人为访谈对象进行了研究，结果发现：（1）只有 24.01% 的老年人没有跟家人"面对面"的交流；（2）与大家所熟知的相反，减少社会活动、降低社会化程度并不影响 85 岁以上老年人的幸福感，他们"欣然接受这种与社会不断的脱离"；（3）面对新情境，他们不是维持自我概念的连续性而是改变认知和情感，重构其"自我表征"。杜罗斯特（Durost，2012）对老年研究采用的方法进行了抨击：（美国）参与研究的机构老人仅占老年总人口的 4.20%，研究者们却将对这小部分老年人的研究结果推广至整个老年人群；但占比高达 95.81% 生活独立、健康良好的老年人，却鲜有研究为他们发声。由此可见，科学研究的特殊倾向与偏好，其鼓吹的"客观中立"不过是自欺欺人。阿莱尔和马尔斯可（Allaire & Marsiske，2002）称科学研究中的老年对象为"误测的受害者"，"误测"结果反过来成为老年"受害"的主要根源。格根夫妇（Gergen & Gergen，2017：44-45）以"认知衰退"为例，着重分析了老年科学六个方面的实质性局限。

无关紧要的差异。许多研究表明在实验室观测到的统计学差异在现实生活中可能微不足道。例如，老年学研究用统计学上年轻人与老年人在研究任务上一秒的反应时差来说明两者在阅读能力和理解能力上的差异。对此，我们不禁要问，80 岁比

40岁多用了两秒读完一张报纸的头版头条就能说明两者有什么不同吗？实验室所证明的"衰退"若无法说明其实质性的社会意义，这样的研究不过是一张废纸罢了。

无效解释。许多研究对认知功能衰退的测量都是在实验室进行的，设计一些特定的仪器用以测查。使用这些仪器设备，老年人当然比年轻人慢上几拍。而且，这些研究往往也无法明确，参与者在测试中的成绩如何对应到现实生活中具体的行为行动。例如，在实验中对瞬间闪光的反应慢半拍对我们过好每一天有什么重要意义？现实生活中有多少时候必须在千分之一秒内对一个闪光灯做出反应？有时候，正是实验室设定的这种怪异情境将老年人排除在外。所幸，老年人不像大学生那样被迫参加各种心理学实验。

错误归因。实际上，所有的老化研究都将衰退归因于年龄。但是，老年学研究者清醒地意识到，年龄本身不会导致任何结果。年龄实则掩盖了人们的无知，成为种种衰退的替罪羊。这意味着，所有衰退的研究都存在其他解释，通过这些不同的解释，我们可以更加积极地看待生命的变化。例如，数百项研究证明记忆随年龄而衰减，但有的解释认为，老年人一生积累的信息远超年轻人，记忆衰退是因为要在更大的记忆库里提取相应的信息而不是因为年龄问题。

过度推广。多数的老化研究将负面结果推广到所有样本。例如，将20～40岁与60～80岁人群的比较结果推广至所有年龄段，完全无视每个组内个体之间的典型差异。年轻人与老年人之间也有诸多重叠共通的特征。许多老年组的人比青年组的人更能干。诸多类似事实常常被均值差异分析给掩盖了。

测量偏差。研究人员不可能测量事物的方方面面。他们一开始就寻求预先设定的特定结果。因为多数研究都以"缺陷"作为假设前提，研究目的就是找到这种"缺陷"的证据。一旦老年"缺陷"得以证明，警报就会拉响！结果就令人悲伤绝望，因为所有的认知功能都在退化。尽管如此，在探索积极老龄化的道路上，研究人员仍有很长的路要走。随着研究人员的不懈努力，老年人的积极潜能一定会被发掘。

忽略情境。研究人员常常假定衰退是不可避免的。若发现反应变慢，就做出推论：衰退是年龄增长固有的结果——一个自然的过程。然而，这样的假设是毫无依据的。在任何时候，人们的能力与需求是相匹配的。退休后，人们不再要求对信息进行快速加工，那么快速信息加工的能力就会消减；如果持续需要，快速信息加工的能力就会保持。实际上，研究者很少去探讨人的能力、技能在晚年如何增强、提高。

看似客观中立且行思缜密的科学主义研究贡献的是现代社会"重少轻老"的主流文化价值，服务的是年轻主流人群。涂尔干和莫斯（2000：3）在《原始分类》中一针见血地指出，科学的思维方式是名副其实的社会制度。任何对事物含义的赋予都不可能是价值中立的，总是与某些人或人群的兴趣和需求紧密相关，与各种权力交织纠葛在一起（莫斯科维奇，2011：3）。实际上，关于老化的科学研究结果林林总总，有的相互支持，有的相互否定，但并非所有的研究结果都得到同等对待，只有那些符合社会主流价值的或对某一群体有益的结果才会受到青睐和认可。将退休和领取退休金的老年人群界定为一个特殊群体，是为应对第二次世界大战后人口结构变化政府干预的结果（郭爱妹，石盈，2006）。将年老强制建构为一个"社会问题"或"现代痼疾"，迎合的恰恰是老年科学、医疗、社会服务、慈善机构等领域的需求，因为"视老化为问题"是这些机构或组织存在和新兴的根本性基础（Gergen & Gergen, 2006）。由此可见，所谓的"科学"研究不过是维护符合某一群体或组织机构利益的工具。马克思在批判资本主义时曾指出，国家作为代表普遍利益的理性存在被"林木盗窃法"亵渎，沦为维护林木所有者和有产者私利的工具（薛秀娟，2013）。科学主义的话语权如此之高，是因为它将衰老提高到"真理"的高度。但是，这种"视老化为客观必然"的观点，或者本着科学观点来谈论老化的做法本身是有前提条件的。它在根本上依附于特定的政治经济目的，或者说依附于某种权力和利益。它在老年学、心理学、人口学等学科规范下一再陈述的是代表年轻人群的权益的方方面面。

二、唤起老年人作为建构者的意识

老年人群并非社会文化的受控者，而是参与其中的一个建构者。在日常生活中，我们往往忽视自己在意义生成中担任的角色，忽视自己的建构行动及其对生活的塑造（Holstein & Gubrium，2000：185）。个体也往往感觉到，外在的社会似乎总在遥远的地方约束、控制我们，个人唯有无奈接受。但事实并非如此。老年人成为边缘群体、弱势群体，他们自身也参与到社会边缘化的过程中（Wilson，2009）。正如弗莱所言："人不是那种用文化规范来勾画自己生活的消极接受者，而是积极的操控者，利用他们已有的模式和生活过程讨价还价。"（杨晋涛，2003）弗里也曾指出："人不是社会文化的消极承受者，相反，他们是积极的操控者。"（杨晋涛，2011：19）霍尔斯坦和古布里姆（Holstein & Gubrium，2000：206-209）也曾表达类似的观点："人并不是'组织的傀儡'，无法冲破和拓展机构的思维框架，他们会主动根据所在地的复杂情境进行甄别、判别。"莱利等人曾论述了个人老化过程与社会变迁之间的辩证关系，并得出结论："老年人不再是被社会变迁过程推搡得团团转的受动者，人们变老的方式持续重塑着社会。老化过程并非单方面地受到外在于他们的社会变迁的影响，它本身也在影响和塑造着社会变迁的过程。"（杨晋涛，2011：14）现象学的研究也启示老年学者不再将老年人群视作单纯的"被动对象"，老年人是拥有自主认知的"主动者"（Powell & Gilbert，2009：14）。老年人不全是韦伯笔下"寄于机构屋檐之下不能像能动者一样思考和行动的个体"形象，不是被动地接受社会文化设定的老龄分类、年龄地位、角色和规范，而是积极地参与其中，成为不可或缺的一股建构力量。

唤醒老年人群对自身作为老年文化建构者的意识，促使他们积极建构老年心理。老年人一旦意识到自己也参与到老年心理的生成当中，一旦改变自身在其中的作用，老年心理就有重构的可能。就像电影《虫虫危机》（*A Bug's Life*）中一直视旧传统为"理所当然""理应如此"而循规蹈矩、按部就班的小蚂蚁一样，一旦认识到原有传统的维持与运作依赖于蚁群自身对这一传统的默认和实践，就会奋起改变自身在旧传统中的角色和作用，从而冲破旧的传统，建构新的传统。格根为人们建构积极老年心理点燃了希望之灯："我们正处于一个用全新的理念、概念、实践改变传统老化图景的时代。老化的黑暗时代已让位于新的老化时代，新的积极老化的时代已经到来……老年人正以一种积极的方式进行自我建构。"（郭爱妹，石盈，2006）在当今互联互通的全球化时代，无论是自助手册、电视杂志还是网络、自媒体都在宣扬人们再也不会成为老年人，生命不再被解读为"年老"或"年轻"而是一系列的生活片段（Gilleard & Higgs，2013：viii），每个人都在以各自独特的方式重塑"自我"。

在合作、协商的联合行动中重构积极的老年。多恩（Don）与妻子苏（Sue）共同讲述他们的故事便是重塑老年心理的一个典型案例（Holstein & Gubrium，2000：195-204）。社会建构论的关系性理论认为，人类的一切意义都来自联合行动过程，均可在协调行动中找到根源……只有当我们一致确认某个事实，这一"事实"才获得戏剧性的生命（Gergen，2009：31，37）。被视为"理所当然"的世界只存在于人们不提出过多问题的情况下，当人们不提出问题并同意不较真时，生活才能和谐……一旦质疑这些"理所当然"，哪怕是片刻的质疑，社会这块幕布就会很快松线（格根，2011：57-58）。在与他人、社会的联合行动过程中，老年人有足够的力量、大量的资源重塑老化进程，通过互动、合作与协商将问题重重的消极老化修正为充满机遇的积极老化。当大多数人都开始兼听多重声音，共建多重可能，力图将暗淡、凄凉、令人恐惧的老年话语置换为充满积极、乐观和丰硕成果的新的老化叙事脚本，建立一个更有希望的老化图景时，我们就可以说建构起了一个崭新的生机勃勃的老年。

三、发挥老年人的主动建构作用

发挥老年人的主动建构作用，促进老年人群积极建构新的老年。社会学家、人类学家认为，年龄层构成了现有社会以及社会的历史变迁。现有的老年人大都出生于 20 世纪 20—50 年代，他们的经历见证了建国前后社会发生的翻天覆地的变化。反过来，这些巨变也形塑了这一代老年人的心理和行为。当新一代的人步入老年，随着社会文化的变迁，新时期的老年人必然不同。同样地，当现有的老年人开始主动地建构另一种不同于以往的老年图景，社会文化历史也将因此而改变。阿烈克斯·康福特说"老年人的精神及态度的变化是他们自己扮演老年人角色所造成的结果"（拉斯奇，1988：229），可以认为，老年文化的变迁也是老年人自己扮演老年角色形塑的结果。当人们从积极老龄化的角度来建构老年，老年也是一个充满希望的富足的生命阶段。下面以丧失、疾病与死亡三个例子来说明如何积极老龄化。

所谓"活到老学到老"，老年同其他生命阶段一样要面临种种丧失，也需要学习新的技巧、技能来应对、处理日常生活。我们习惯将孩童时期看作生命技能发展的关键期，从学习说话、走路到考试、工作等。到了老年期，似乎一切都停滞了，人们再也不用学习新知识新技能了。这样的晚年景象不仅令人忧伤，而且错得离谱。格根夫妇（Gergen & Gergen，2017：94-95）区分了两种技能："扩展生活潜能的技巧"和"处理应对丧失的技巧"。在扩展潜能方面，例如小孩子学走路、骑脚踏车、读书，每一项都拓展出一种新的可能，生命因此变得丰富。对于各种丧失，可以类比婴孩必须学会放弃对母乳的依赖、放弃任意排便的自由、放弃乱发脾气的任性。到了老年同样如此，仍然需要新的技巧技能去拓展新空间、处理各种新丧失。遗憾的是，人们很少注意到这一点。当然，也有老年人会说老年做不了年轻时能做的事情。此时不妨换位思考，年轻时也有不少老年能做而年少、年轻时做不了的事情，这些能否算作年轻时的一种"丧失"呢？

即使身患重病，生命依旧可以丰富多彩。第三章已讨论过身与心的关系，此处不再赘述。已有不少研究证实，生理健康与幸福水平不相关（Pinquart, 2001）。换句话说，即使身体的健康在医学上糟糕透顶，一个人依旧可以感受到高水平的幸福感。幸福感不受生理健康的影响，即便丧失了某些身体机能，人们依旧可以活得多姿多彩。这类例子有作家海伦·凯勒、史铁生，物理学家斯蒂芬·霍金，画家奥古斯特·雷诺阿、亨利·马蒂斯等，他们都向世人证明了生命中还有许多其他的东西，远比健康的身体更让人幸福。当然，各种疼痛特别是长期的慢性疼痛的确给生活设限，令人痛苦不堪。但是"我们虽不能控制风向，但可以调整风帆"（Gergen & Gergen, 2015），生命中虽然存在许多必然，但它们无法决定人们如何应对、处理，在这方面人们是有选择的。例如，骨折是一种"痛苦的感受"，但这并不是唯一的界定方式。换一个视角，它可以理解为"一个难得的机会"，一个可以看闲书的机会，一个陪伴家人的机会，一个与朋友谈心的机会。通过这样的重构，那种令人愁眉苦脸的痛苦就转化为令人渴望神往的机会。当然，没必要为这样的机会刻意折断一条腿。但是，当人们被迫处于这样的困境时，生理的疼痛并不会导致心理的"痛苦"。即使是阿尔茨海默病患者，虽难免恐惧、孤独、无奈，但也体会到突破自我的愉悦，懂得如何获取生命的馈赠（Snyder,

2009：34）。斯奈德对阿尔茨海默病患者的访谈"深刻地提醒我们，简单快速地测量失能、缺陷、差异，其实完全忽视了他们的能力、优势和人的共性"。

积极老龄化并不等同于"笑脸"。一提到积极老龄化，人们很容易联想到笑脸、正能量这些词汇。但两者并不能画等号。提出"积极老龄化"的目的是要取代"老化即走下坡路"这个消极隐喻，从而"彰显新的生命潜能"（Gergen & Gergen, 2017：142）。积极老龄化包含的内容非常丰富。例如，在岁月的历程中，通过与他人、与环境的关联获得了更加丰满的自我认识，习得了新的技术技能，培养了新的兴趣爱好，取得了新的业绩成果，探索了新的领域疆界；或者，对生命的恩赐更加感念，对世界万物的兴趣更加浓厚，对未知的事物更加敬畏（Gergen & Gergen, 2017：142-144）。例如，对于各种"丧失"，如何才能接纳甚至悦纳种种失去，让"丧失"不再只是失去。又如死亡，配偶、伴侣、密友、孩子的离世，能有什么方法让人变得积极呢？这个话题听着都令人伤感。显然，这是把"积极"与快乐的笑脸画上等号。积极老龄化的重构就是要从这些"失去"中发掘新的意义，从"丧失就是失去"的旧观念当中解放出来。例如，能否从丧失的悲痛中体会到更深刻的感激，感恩那些离我们而去、跟我们阴阳相隔的人？能否回顾那些逝去的人是怎样让我们的生活变得更加丰富，让周围的世界变得更加美好？甚至，我们能否因这种痛苦而感到欣慰？"痛苦"不正是我们对逝者的悼念吗？悲痛不正是对我们之间深厚情谊的缅怀吗？

科学共同体在同一个"范式"中研究"何为老"，正如典型的生理决定论将身体的衰老视作客观必然，为退休年龄的设定提供"真实"依据。组织管理者据此设定老年的规章制度、法律政策，规定老年人"如何老"，例如，设定年龄规约、赋予老年价值、规约老年人的心理与行为。媒介作为老年信息的传播载体进一步延伸、扩展老年赋予的意义，将老年人建构成另类的"他者"，对老年人群的心理与行为进行规劝。老年人群作为老年信息的受众在其中扮演着践行者的角色。他们根据年龄将自己归入老年人群，获取集体归属感；自然接受社会赋予的老年地位、老年角色，遵守社会设定的老年规范，并将自己的行为置于社会评价之中。通过这两种途径，老年人参与对自身心理与行为的建构。

科学共同体、组织管理者、大众传媒、老年人群共同参与对老年心理现实的建构。科学共同体为组织管理者提供实证论据，后者在此基础上制定具体的老龄分类标准，设置老年人的地位、角色与规范。大众传媒对老年信息的传播贯穿于整个生成与运作过程，通过对老年信息的整合、提炼、浓缩和放大不断建构和重构老年心理。老年人以其自身的创造和资源参与对老年心理现实的建构。老年人通过媒介传播中的社会时间表习得相关的知识并将其内化，将其纳入日常生活作为一种行动方式予以实践；老年人的实践将老化的知识、观念外化为行为或行动，老年人的行为或行动又通过媒介被他人解读和发表，成为新的老年体系的资料来源。新的资料来源经科学共同体的考证和组织管理者的制度化或法律化，使老年体系不断更新。老年人群与科学共同体和组织管理者之间通过大众传媒形成系统循环。在这个循环圈里，四者通过彼此互动促进老年体系的更新与再生产，共同建构着老年人的心理与行为。

要认识到科学共同体对老年的研究是一种范式的研究，这类研究假设老年人为同质性群体，暗示"老年歧视为客观现象"，忽略了专业术语对各类老年对象的意义。年老的消极建构是科学主义范式"误测"的结果，它所贡献的是现代社会"重少轻老"的主流文化价值。唤醒老年人群对自身作为老年文化建构者的意识，发挥他们的主动建构作用，促进老年人积极建构新的老年。

参考文献

ALLAIRE J C, MARSISKE M, 2002. Well-and ill-defined measures of everyday congnition: Relation to older adults' intellectual ability and functional status [J]. Psychology and Aging, 17: 101-115.

BALTES P B, 1987. Theoretical propositions of life-span developmental psychology: On the dynamics between growth and decline [J]. Developmental Psychology, 23: 611-626.

BALTES P M, BALTES M M, 1980. Plasticity and variability in psychological aging: Methodological and theoretical issues [A]. In G. E. Gurski (Ed.), Determining the effects of aging on the central nervous system. Berlin: Schering AG: 41-72.

BARNES-FARRELL J A, RUMERY S M, SWODY C A, 2002. How do concepts of age relate to work and off-the-job stresses and strains? A field study of health care workers in five nations [J]. Experimental Aging Research, 28(1): 87-98.

BARONDESS J A, 2008. Towarding healthy aging: The preservation of health [J]. Journal of the American Geriatrics Society, 56: 145-148.

BIRREN J B, SCHAIE K W (Eds.), 2006. Handbook of the psychology of aging (6th ed.) [M]. Burlington, MA: Elsevier.

BLAU Z S, 1956. Changes in status and age identification [J]. American

Sociological Review, 21(2): 198-203.

BODE C, 2012. Experience of aging in patients with rheumatic disease: A comparison with the general population [J]. Aging & Mental Health, 16(5): 666-672.

BOUDJEMADI V, GANA K, 2012. Effect of mortality salience on implicit ageism: Implication of age stereotypes and sex [J]. Revue européenne de psychologie appliquée, 62: 9-17.

BOURDIEU P, 1990. The logic of practice [M]. Cambridge: Harvard College Press.

BOWEN R L, ATWOOD C S, 2004. Living and dying for sex: A theory of aging based on the modulation of cell cycle signaling by reproductive hormones [J]. Gerontology, 50: 265-290.

BRICKEY M, 2005. Should you lie about your age? [EB/OL]. Retrieved November 10, 2014, from http://www.agelesslifestyles.com/anti-aging-press-releases.htm

BULTENA G L, POWERS E A, 1978. Denial of aging: Age identification reference group orientations [J]. Journal of Gerontology, 33: 748-754.

BURR V, 1995. An introduction to social cnstructionism [M]. East Sussex, UK: Routledge.

BYBEE J A, WELLS Y V, 2003. The development of possible selves during adulthood [A]. In J. Demick, & C. Andreoletti (Eds.). Handbook of adult development. New York: Kluwer/Plenum: 257-270.

CALLAN M J, DAWTRY R J, OLSON J M, 2012. Justice motive effects in ageism: The effects of a victim's age on observer perceptions of injustice and punishment judgments [J]. Journal of Experimental Social Psychology, 48: 1343-1349.

CARSTENSEN L L, 2006. The influence of a sense of time on human development [J]. Science, 312(5782): 1913-1915.

CELEJEWSKI I, DION K K, 1998. Self-perception and perception of age groups as a function of the perceiver's category membership [J]. The International Journal of Aging & Human Development, 47(3): 205-216.

COHEN G D, 2006. Research on creativity and aging: The positive impact of the arts on health and illness [J]. Generations. 30(1): 7-15.

CONNIDIS I, 1989. The subjective experience of aging: Correlates of divergent views [J]. Canadian Journal on Aging, 8: 7-18.

CORBIN J, STRAUSS A, 1985. Managing chronic illness at home: Three lines of work [J]. Qualitative Sociology, 8(3): 224-247.

CRISP R J, HEWSTONE M, 2007. Multiple Social Categorization [J]. Advances in Experimental Social Psychology, 39: 163-254.

DAHLIN M R. How old are you? Age consciousness in American culture by Howard P. Chudacoff [J]. The American Historical Review, 96(1): 246.

de MONTAIGNE M, COSTE P, 1685. Of age [A]. In P. Coste (Ed.) , The essays of Michael Seigneur de Montaigne (Vol. 1). London, Great Britain: Nabu Press: 411-414.

DIEHL M K, WAHL H W, 2010. Awareness of age-related change: Examination of a (Mostly) unexplored concept [J]. The Journals Of Gerontology: Series B: Psychological Sciences And Social Sciences, 65B(3): 340-350.

DIEHL M, WAHL H W, BROTHERS A F, et al, 2015. Subjective aging and awareness of aging: Toward a new understanding of the aging self [A]. In M. Diehl & H.-W. Wahl (Eds.), Annual Review of Gerontology and Geriatrics: Vol. 35. Subjective aging: New developments and future directions. New York: Springer Publishing: 1-28.

DUROST S, 2012. Old is an attitude—age is a concept: A qualitative study on aging and ageism with guidelines for expressive therapies literature [J]. International: Section B: The Sciences and Engineering, 72(10-B): 5843.

EIBACH R P, MOCK S E, COURTNEY E A, 2011. Having a "senior moment": Induced aging phenomenology, subjective age, and susceptibility to ageist stereotypes [J]. Journal of Experimental Social Psychology, 46: 643-649.

EISENSTADT S N, 1998. From generation to generation [M]. London, UK: Routledge and Kegan Paul Ltd.

ELDER G H JR, 1975. Age differentiation and the life course [J]. Annual Review of Sociology, 1: 165-190.

EVANS J G, 1997. The rationing debate: Rationing health care by age: The case against [J]. British Medical Journal, 314(7083): 822-825.

FLEMING J S, 2008. Erikson's psychosocial developmental stages [EB/OL]. Retrieved March 10th, 2016, from http://swppr.org/Textbook/Contents.html

FOUCAULT M, 1990. The history of sexuality Vol. 1: An introduction (R. Hurley, Trans.) [M]. New York: Vintage Books.

FRANK A W, 1997. The wounded storyteller: Body illness and ethics [M]. Chicago, USA: University of Chicago Press.

FREEMAN M, 1976. Socialization to old age [J]. Contemporary Sociology, 5(4): 436-438.

FREUD A M, 1997. Individual age salience: A psychological perspective on the salience of age in the life course [J]. Human Development, 40: 287-289.

GERGEN K J, 2009. Relational being: Beyond self and community [M]. New York: Oxford University Press.

GERGEN K J, 2014. From mirroring to world-making: Research as future forming [J]. Journal for the Theory of Social Behaviour, 45(3): 287-310.

GERGEN K J, BACK K W, 1965. Time perspective, aging, and preferred solutions to international conflicts [J]. Journal of Conflict Resolution, 9(2): 177-187.

GERGEN K J, GERGEN M, 2001. From Caretaking to the Co-caring Relationship [J]. Positive Aging Newsletter (5): 2.

GERGEN K J, GERGEN M, 2010. Positive aging: Resilience and reconstruction [A]. In P. S. Fry, & C. L. M. Keyes (Ed.), New frontiers in resilient aging: Life-strengths and well-being in late life. New York: Cambridge University Press: 340-356.

GERGEN K J, GERGEN M, 2012. How old do you feel you are? [J]. Positive Aging Newsletter (1): 3.

GERGEN K J, GERGEN M, 2013. Renewing the vision [J]. Positive aging Newsletter, 83: 1.

GERGEN K J, GERGEN M M, 2000. The new aging: Self construction and social values [A]. In K. W. Schaie, & J. Hendricks (Eds.), The evolution of the aging self. New York: Springer: 281-306.

GERGEN K J, GERGEN M M, 2002. Anti-Aging, natural aging, and positive aging [J]. Positive Aging, (13): 2.

GERGEN K, GERGEN M, 2015. Adjusting the sails [J]. Positive Aging Newsletter, (91): 2.

GERGEN M M, GERGEN K J, 2006. Positive aging: Reconstructing the life course [A]. In J. Worrell, & C. D. Goodheart (Eds.), Handbook of Girl's and Women's Psychological Health. New York: Oxford University Press: 416-426.

GERGEN M M, GERGEN K J, 2017. Paths to positive aging: Dog days with a bone and other essays [M]. Ohio, US: Taos Insititute Publications.

GERMAN T P, HEHMAN J A, 2006. Representational and executive selection resources in 'theory of mind': Evidence from compromised belief-desire reasoning in old age [J]. Cognition, 101: 129 -152.

GILLEARD C, HIGGS P, 2013. Ageing, corporeality and embodiment [M]. London: Anthem Press.

GILLEARD C, HIGGS P, 2013. The fourth age and the concept of a 'social imaginary': A theoretical excursus [J]. Journal of Aging Studies, 27: 368-376.

GREEN S K, 1981. Attitudes and perceptions about the elderly: Current and future perspectives [J]. International Journal of Aging and Human Development, 13: 99-119.

GRENIER A, HANLEY J, 2007. Older women and 'frailty': Aged, gendered and embodied resistance [J]. Current Sociology, 55(2): 211-228.

GULLETTE M M, 1998. Midlife discourses in the twentieth-century United States: An essay on the sexuality, ideology, and politics of "middle-ageism" [A]. In R. Shweder (Ed.), Welcome to middle age! (And other cultural fictions). Chicago, USA: University of Chicago Press: 3-44.

GULLETTE M M, 2004. Aged by culture [M]. Chicago, USA: University of Chicago Press.

HANSEN-KYLE L, 2005. A concept analysis of healthy aging [J]. Nursing Forum, 40(2): 45-57.

HARMAN D, 2001. Aging: Overview [J]. Annals New York Academy of Science, 928: 1-21.

HAVIGHURST R, 1961. Successful Aging [J]. The Gerontologist, 1: 8-13.

HAZAN H, 1994. Old age: Constructions and deconstructions [M]. San Bernardino, CA: Cambridge University Press.

HEIMGÄRTNER R, 2013, January. Course and perception of ageing in different cultures relevant for Intercultural HCI design [A]. In: A. Holzinger, M. Ziefle, M. Hitz, & M. Debevc. Human factors in computing and informatics. Berlin, DE: Springer-Verlag: 593-600.

HILLIER S M, BARROW G M, 2014. Aging, the individual and society [M]. Boston, USA: Cengage Learning.

HINRICHS J V, 1970. A two-process memory-strength theory for judgment of regency [J]. Psychological Review, 77(3): 223-233.

HOLSTEIN J A, GUBRIUM J F, 2000. Constructing the life course [M]. New York: General Hall.

HU L, BENTLER P M, 1998. Fit indices in covariance structure modeling: Sensitivity to under parameterized model misspecification [J]. Psychological Methods, 3: 424-453.

JACOBY S, 2011. Never say die: The myth and marketing of the new old age [M]. New York, USA: Pantheon.

JOHNSON C, BARER B M, 2003. Life Beyond 85 Years [M]. New York, USA: Prometheus Books.

KASTENBAUM R, DERBIN V, SABATINI P, 1972. "The ages of me": Toward personal and interpersonal definitions of functional aging [J]. Aging and Human Development, 3: 197-211.

KAUFMAN A S, HORN J L, 1996. Age changes on tests of fluid and crystallized ability for women and men on the Kaufman Adolescent and Adult Intelligence Test (KAIT) at ages 17-94 years [J]. Archives of Clinical Neuropsychology, 11: 97-121.

KIM S H, 2007. The association between expectations regarding aging and health-promoting behaviors among Korean older adults [J]. Journal of

Korean Academy of Nursing, 37(6): 932-940.

KITE M E, STOCKDALE G D, WHITLEY B E, et al., 2005. Attitudes toward younger and older adults: An updated meta-analytic review [J]. Journal of Social Issues, 61: 241-266.

KLEIN J M, 2011. Interview with Margaret Morganroth Gullette on the new ageism 'Agewise' calls for reexamination of negative views [EB/OL]. AARP Bulletin. Retrieved March 11, 2015, from http://www.aarp.org/entertainment/books/info-03-2011/author-speaks-margaret-gullette-ageism.html

KLEINSPEHN-AMMERLAHN A, KOTTER-GRÜHN D, SMITH J, 2008. Self-perceptions of aging: Do subjective age and satisfaction with aging change during old age? [J]. The Journals of Gerontology, Series B: Psychological Sciences and Social Sciences, 63: 377-385.

KWALK M, 2013. The receipt of care and depressive symptoms in later life [D]. University of Michigan.

LANGER E, 2009. Counterclockwise: Mindful Health and the Power of Possibility [M]. New York, USA: Ballantine Books.

LANGER E J, RODIN J, 1975. The effects of choice and enhanced personal responsibility for the aged: A field experiment in an institutional setting [J]. Journal of Personality and Social Psychology, 34(2): 191-198.

LEBOVITS S C, 2011. Gullette, an anti-ageism pioneer, speaks out [EB/OL]. Retrieved January, 28th, 2016, from http://www.brandeis.edu/now/2011/july/gullette.html

LEVY B, 1996. Improving memory in old age through implicit self-stereotyping [J]. Journal of Personality and Social Psychology, 71: 1092-1107.

LEVY B R, 2003. Mind matters: Cognitive and physical effects of aging self-stereotypes [J]. Journal of Gerontology: Psychological Sciences and Social

Sciences, 58B: 203-211.

LEVY B R, 2009. Stereotype embodiment: A psychosocial approach to aging [J]. Current Directions in Psychological Science, 18: 332-336.

LEVY B R, LANGER E J, 1994. Aging free from negative stereotypes: Successful memory among the American Deaf and in China [J]. Journal of Personality and Social Psychology, 66: 935-943.

LEVY B R, SLADE M D, KUNKEL S R, et al., 2002. Longevity increased by positive self-perceptions of aging [J]. Journal of Personality and Social Psychology, 83: 261-270.

LOGAN J R, WARD R, SPITZE G, 1992. As old as you feel: Age identity in middle and later life [J]. Social Forces, 71(2): 451-467.

LORBER J, MOORE L J, 2002. Gender and the social construction of illness [M]. Plymouth, UK: Altamira Press.

MARKUS H, NURIUS P, 1986. Possible selves [J]. American Psychologist, 41: 954-969.

MARSHALL E R, 2007. All over: The identities of old age [D]. University of Minnesota.

MATHEWS M, 1999. Moral vision and the idea of mental illness [J]. Philosophy, Psychiatry, and Psychology, 6(4): 299-310.

MAXWELL J A, 2005. Qualitative research design: An interactive approach [J]. Tousand Oaks, CA: Sage.

MCDONALD R P, HO M R, 2002. Principles and practice in reporting structural equation analyses [J]. Psychological Methods, 7(1): 64-82.

MCGARRY K, 2004. Do changes in health affect retirement expectations? [J]. Journal of Human Resources, 39(3): 624-648.

MCLAUGHLIN D K, JENSEN L, 2000. Work history and US elders' transitions into poverty [J]. The Gerontologist, 40(4): 469-479.

MCNAMEE S, 2007. Transformative dialogue: Coordinating conflicting moralities [EB/OL]. Retrieved June, 28th, 2015, from http://pubpages.unh. edu/~smcnamee/dialogue_and_transformation/LindbergPub2008.pdf.

MONTEPARE J M, 2009. Subjective age: Toward a guiding lifespan framework [J]. International Journal of Behavioral Development, 33: 42-46.

MONTEPARE J M, LACHMAN M E, 1989. "You're only as old as you feel": Self-perceptions of age, fears of aging, and life satisfaction from adolescence to old age [J]. Psychology and Aging, 4(1): 73-78.

MOSCOVICI S, 1988. Notes towards a description of social representations [J]. Journal of European Social Psychology, 18: 211-250.

NAYLOR G, KULP D, 1983. Review: The women of brewster place [J]. Women Writers, 13(11): 9-23.

NEIKRUG S M, 1998. The value of gerontological knowledge for elders: A study of the relationship between knowledge on aging and worry about the future [J]. Educational Gerontology, 24: 287-296.

NELSON T D, 2009. Ageism: Stereotyping and prejudice against older persons [A]. In T. D. Nelson (Ed.), Handbook of prejudice, stereotyping, and discrimination (pp.431-440). New York, USA: Psychology Press.

NETZ Y, WINGATE I, BEN-SIRA D, 1993. Attitudes of young people, adults, and older adults from three-generation families toward the concepts 'ideal person,' 'youth,' 'adult,' and 'old person' [J]. Educational Gerontology, 19(7): 607-621.

NEUGARTEN L, 1979. Time, age, and the life cycle [J]. American Journal of Psychiatry, 136(7): 887-894.

NORMAN R A, HENDERSON J N, 2003. Aging: an overview [J]. Dermatologic

Therapy, 16: 181-185.

NULAND S B, 2007. The art of aging: A doctor's prescription for well-being [J]. New York, USA: Random House.

OSTIR G V, OTTENBACHER K J, MARKIDES K S, 2004. Onset of frailty in older adults and the protective role of positive affect [J]. Psychological Aging, 19(3): 402-408.

PERDUE C W, GURTMAN M B, 1990. Evidence for the automaticity of ageism [J]. Journal of Experimental Social Psychology, 26: 199-216.

PINQUART M, 2001. Correlates of subjective health in older adults: A meta-analysis [J]. Psychology and Aging, 16: 414-426.

POWELL J, 2001. Theorizing gerontology: The case of old age, professional power and social policy in the United Kingdom [J]. Journal of Aging and Identity, 6(3): 117-135.

POWELL J, BIGGS S, 2000. Managing old age: The disciplinary web of power, surveillance and normalisation [J]. Journal of Aging and Identity, 5(1): 3-13.

POWELL J, GILBERT T, 2009. Aging identity: A dialogue with postmodernism [M]. New York, USA: Nova Science Publishers.

REGISTER M E, HERMAN J, 2010. Quality of life revisited: The concept of connectedness in older adults [J]. Advances in Nursing Science, 33(1): 53-63.

RICHESON J L, SHELTON J N, 2006. A social psychological perspective on the stigmatization of older adults [A]. In L. L. Carstensen & C. R. Hartel (Eds.), When I'm 64. Washington, USA: National Academies Press: 174-208.

RILEY M W, JOHNSON M, FONER A (Eds.), 1972. Aging and society: Vol. 3: A cociology of age stratification [M]. New York, USA: Russell Sage Foundation.

ROBERTSON D A, SAVVA G M, KING-KALLIMANIS B L, et al., 2015. Negative perceptions of aging and decline in walking speed: A self-fulfilling prophecy [J]. PLoS One, 10(4): 123-260.

ROWE J W, KAHN R L, 1987. Human aging: Usual and successful [J]. Science, 237: 143-149.

ROWE J W, KAHN R L, 1997. Successful aging [J]. The Gerontologist, 37(4): 433-440.

RYFF C D, 1991. Possible selves in adulthood and old age: A tale of shifting horizons [J]. Psychology and Aging, 6: 206-295.

SANKAR A, 1984. It's just old age: Old age as a diagnosis in American and Chinese medicine [A]. In D. I. Kertzer, & J. Keith (Eds.), Age and Anthropological Theory. Ithaca, USA: Cornell University Press: 234-239.

SARGENT-COX K A, ANSTEY K J, LUSZCZ M A, 2012. Change in Health and Self-Perceptions of Aging Over 16 Years: The Role of Psychological Resources [J]. Health Psychology, 31(4): 423- 432.

SARKISIAN C A, PROHASKA T R, WONG M D, et al., 2005. The relationship between expectations for aging and physical activity among older adults [J]. Journal of General Internal Medicine, 20(10): 911-915.

SCHAFER M H, SHIPPEE T P, 2010. Age identity, gender, and perceptions of decline: Does feeling older lead to pessimistic dispositions about cognitive aging? [J]. The Journals of Gerontology, Series B: Psychological Sciences and Social Sciences, 65: 91-96.

SCHAIE K W, 1986. Beyond calendar definitions of age, period, and cohort: The general developmental model revisited [J]. Development at Review, 6: 252-277.

SCHULZ R, HECKHAUSEN J, 1996. A life span model of successful aging [J]. American Psychologist, 51: 702-714.

SCHUURMANS H, STEVERINK N, LINDENBERG S, et al., 2004. Old or frail:

What tells us more? [J]. Journal of Gerontology: Medical Science, 59A(9): 962-965.

SELTZER M M, ATCHLEY R C, 1971. The concept of old: Changing attitudes and stereotypes [J]. Gerontology, 11(3): 226-230.

SHENKIN S, LAIDLAW K, ALLERHAND M, et al., 2014. Life course influences of physical and cognitive function and personality on attitudes to aging in the Lothian Birth Cohort 1936-ResearchGate [J]. International Psychogeriatrics, 26(9): 1-14.

SHIOTA M N, LEVENSON R W, 2009. Effects of aging on experimentally instructed detached reappraisal, positive Reappraisal, and emotional behavior suppression [J]. Psychology and Aging, 24(4): 890 -900.

SHWEDER R A. (Ed.), 1998. Welcome to middle age (And other cultural fictions) [M]. Chicago, USA: The University of Chicago Press.

SLOTTERBACK C S, SAARNIO D A, 1996. Attitudes toward older adults reported by young adults: Variation based on attitudinal task and attribute categories [J]. Psychology and Aging, 11(4): 563-571.

SNYDER L, 2009. Speaking our minds: What it's like to have Alzheimer's [M]. Baltimore, USA: Health Profession Press.

STEVERINK N, LINDEIBERG S, ORNEL J, 1998. Towards understanding successful ageing: patterned changes in resources and goals [J]. Ageing and Society, 18(4): 441-468.

STEVERINK N, WESTERHOF G J, BODE C, et al., 2001. The personal experience of aging, individual resources, and subjective well-being [J]. Journal of Gerontology: Psychological Sciences, 56B(6): 364-373.

STUART-HAMILTON I, 2006. The Psychology of Ageing: An Introduction [M]. London, UK: Jessica Kingsley Publishers.

THOMPSON P, 1992. I Don't Feel Old': Subjective ageing and the search for meaning in later life [J]. Ageing and Society, 12: 23-47.

TINETTI M E, 2003. Clinical practice: Preventing falls in elderly persons [J]. New England Journal of Medicine, 348(1): 42-49.

TSUCHIYA A, DOLAN P, SHAW R, 2003. Measuring people's preferences regarding ageism in health: some methodological issues and some fresh evidence [J]. Social Science & Medicine, 57: 687-696.

UNIVERSITÉ DE LIÈGE. (2008). Reflexions: Ageing and economic activity [EB/OL]. Retrieved June, 28th, 2015 from http://reflexions.ulg.ac.be/cms/c_15166/en/ageing-and-economic-activity

VON HIPPEL W, HENRY J D, MATOVIC D, 2008. Aging and social satisfaction: Offsetting positive and negative effects [J]. Psychology and Aging, 23(2): 435-439.

WEST R L, BAGWELL D K, DARK-FREUDEMAN A, 2005. Memory and goal setting: The Response of older and younger adults to positive and objective feedback [J]. Psychology And Aging, 20(2): 195-201.

WESTERHOF G J, 2008. Age identity [A]. In D. Carr (Ed.), Encyclopedia of the life course and human development (pp.10-14). Farmington Hills, USA: Macmillan.

WESTERHOF G J, BARRETT A E, 2005. Age identity and subjective well-being: A comparison of the United States and Germany [J]. The Journals of Gerontology, Series B: Psychological Sciences and Social Sciences, 60: 129-136.

WESTERHOF G J, TULLE E, 2007. Meanings of ageing and old age: Discursive contexts, social attitudes and personal identities [A]. In J. Bond, S. Peace, F. Dittmann-Kohli, & G. J. Westerhof (Eds.), Ageing in society. London, UK:

Sage: 235-254.

WESTERHOF G J, WHITBOURNE S K, FREEMAN G P, 2012. The aging self in a cultural context: The relation of conceptions of aging to identity processes and self-esteem in the United States and the Netherlands [J]. The Journals of Gerontology, Series B: Psychological Sciences and Social Science, 67(1): 52-60.

WHEELER S C, PETTY R E, 2001. The effects of stereotype activation on behavior: A review of possible mechanisms [J]. Psychological Bulletin, 127: 797-826.

WHITBOURNE S K, COLLINS K J, 1998. Identity processes and perceptions of physical functioning in adults: Theoretical and clinical implications [J]. Psychotherapy, 35: 519-530.

WILSON G, 2009. 'Not old' and 'old': Postmodern identities in a new life stage [A]. In J. Powell, & T. Gilbert. (Eds.), Aging identity: A dialogue with postmodernism. New York, USA: Nova Science Publishers: 69-79.

YANG L P, GERGEN K J, 2012. Social Construction and its Development: Liping Yang Interviews Kenneth Gergen [J]. Psychological studies, 59(2): 126-133.

YOUNG M D, SCHULLER T, 1991. Life after work: The arrival of the ageless society [M]. London, UK: Harper Collins.

ZHANG W, NIU W, 2013. Creativity in the later life: Factors associated with the creativity of the Chinese elderly [J]. The Journal of Creative Behavior, 47(1): 60-76.

ZIZZA C A, ELLISON K J, WERNETTE C M, 2009. Total water intakes of community-living middle-old and oldest-old adults [J]. The Journals of Gerontology Series A: Biological Sciences and Medical Sciences, 64A(4): 481.

阿门，2011."发挥余热"质疑［J］.宁波广播电视大学学报，9（3）：129.

埃文思 - 普里查德，2014.努尔人：对一个尼罗特人群生活方式和政治制度的描述［M］.褚建芳，译.北京：商务印书馆.

奥林斯基，顾晓鸣，1985.生命周期的结构和功能：重建是可能的吗？［J］.社会，5（1）：19-21，28.

包蕾萍，2005.生命历程理论的时间观探析［J］.社会学研究，20（4）：120-133，244-245.

BERGER P I，LUCKMANN T，2005.知识社会学：社会实体的建构［M］.邹理民，译.台北：巨流图书有限公司.

毕小龙，2009.中国社会养老保险制度：经济转型、人口老龄化与社会养老保险［M］.广州：暨南大学出版社.

波德里亚，2006.象征交换与死亡［M］.车槿山，译.南京：译林出版社.

波普诺，1999.社会学［M］.李强，等译.10版.北京：中国人民大学出版社.

陈杰思，2000.中华孝道的现代转化［J］.云南师范大学学报（哲学社会科学版），32（3）：44-47.

陈淑卿，陈昌珠，2005.多学科视角下的古代贱老习俗：从湖北"寄死窑"谈起［J］.民俗研究（4）：121-130.

陈雯，江立华，2016.老龄化研究的"问题化"与老人福利内卷化［J］.探索与争鸣（1）：68-71.

陈向明，2000.质的研究方法与社会科学研究［M］.北京：教育科学出版社.

陈晓辉，2013.当代中国社会多元价值观评析［J］.当代世界与社会主义（2）：177-180.

陈运星，2010.台湾弱势教育中的高龄教育之推广愿景［J］.研习信息，

27（6）：9-17.

陈运星，2012. 老化：身心灵相互关系的思维［J］. 屏东教育大学学报（人文社会类）（39）：31-56.

成梅，2004. 以生命历程范式浅析老年群体中的不平等现象［J］. 人口研究，28（3）：44-51.

COKERHAM W C，1987. 老年人的自我评价［J］. 王友平，译. 心理学动态（3）：65-67.

崔静，史宝欣，2013. 老年人死亡态度量表的编制及信效度检验［J］. 中国老年学杂志，33（6）：1357-1359.

丁峻，崔宁，2003. 生命科学前沿若干问题的认识论思考［J］. 科学技术与辩证法，20（3）：23-28.

杜鹏，伍小兰，2008. 中国老年人身份认同的实证研究［J］. 人口研究，32（2）：67-72.

范明林，吴军，2009. 质性研究［M］. 上海：上海人民出版社.

费多益，2010. 寓身认知心理学［M］. 上海：上海教育出版社.

冯琴昌，方永奇，李小兵，等，1995. 人体老化度测试方法探讨［J］. 中国老年学杂志，15（4）：211-213.

盖达默，钱君森，1986. 时间内心体验和思想限度的西方观念［J］. 现代外国哲学社会科学文摘（6）：56-60.

高成鸢，1999. 中华尊老文化探究［M］. 北京：中国社会科学出版社.

高新民，陈帅，2021. 比较研究视野下心身二分图式的解构与超越［J］. 社会科学研究（2）：160-168.

高瑗，原新，2018. 老龄化背景下中老年人口的健康转变模式特征及其应对［J］. 河北学刊，38（3）：170-175.

戈斯登，1999. 欺骗时间：科学、性与衰老［M］. 刘学礼，陈俊学，毕东海，译. 上海：上海科技教育出版社.

格根，2011.社会建构的邀请［M］.许婧，译.北京：北京大学出版社.

宫哲兵，2007.野蛮"弃老"俗的见证：武当山寄死窑［J］.中南民族大学学报（人文社会科学版），27（2）：129-133.

顾大男，2000.老年人年龄界定和重新界定的思考［J］.中国人口科学（3）：42-51.

管健，2009.社会表征理论的起源与发展：对莫斯科维奇《社会表征：社会心理学探索》的解读［J］.社会学研究，24（4）：228-242.

郭爱妹，石盈，2006."积极老龄化"：一种社会建构论观点［J］.江海学刊（5）：124-128.

海德格尔，1999.存在与时间［M］.陈嘉映，王庆节，译.北京：生活·读书·新知三联书店.

何琳，1998.知识共同体：它的结构与功能［J］.自然辩证法研究，14（12）：38-40.

何显明，1993.中国人的死亡心态［M］.上海：上海文化出版社.

侯杰泰，温忠麟，成子娟，2004.结构方程模型及其应用［M］.北京：教育科学出版社.

胡春光，2010.社会秩序如何可能？：涂尔干论社会分类［J］.重庆师范大学学报（哲学社会科学版），30（5）：83-90.

胡春光，2013.惯习、实践与社会空间：布迪厄论社会分类［J］.重庆邮电大学学报（社会科学版），25（4）：120-128.

黄希庭，张志杰，凤四海，等，2005.时间心理学的新探索［J］.心理科学，28（6）：1284-1287，1293.

黄英，2019.改革开放40年：青年价值观变迁轨迹及特征［J］.中国青年研究（12）：44-50.

黄哲，2012.老年、老化与老龄化的概念辨析［J］.内蒙古民族大学学报（社会科学版），38（3）：119-124.

吉登斯，2009.社会学［M］.李康，译.北京：北京大学出版社.

江立华，袁校卫，2014.生命历程理论的知识传统与话语体系［J］.科学社会主义（3）：46-50.

姜向群，2003.中国传统尊老文化的社会成因及特点评析［J］.东南大学学报（哲学社会科学版），5（6）：34-38.

荆晶，2012-01-02."年老"标准："40后"与"90后"差19年［N］.新民晚报.

克鲁杰，凯西，2007.焦点团体：应用研究实践指南［M］.林小英，译.重庆：重庆大学出版社.

库恩，2012.科学革命的结构［M］.金吾伦，胡新和，译.北京：北京大学出版社.

拉斯奇，1988.自恋主义文化［M］.陈红雯，吕明，译.上海：上海文化出版社.

乐国安，王恩界，2004.国外人口老化理论的心理学研究述评［J］.心理科学，27（6）：1418-1421.

李川云，吴振云，李娟，2003.老化态度问卷的编制及其初步试用［J］.中国心理卫生杂志，17（1）：47-49.

李道和，2007.弃老型故事的类别和文化内涵［J］.民族文学研究，25（2）：35-40.

李德明，陈天勇，2006.认知年老化和老年心理健康［J］.心理科学进展，14（4）：560-564.

李宏伟，2013.时间观念的源始发生及其社会建构［J］.自然辩证法通讯，35（5）：96-101，128.

李娟，吴振云，韩布新，2009.老年心理健康量表（城市版）的编制［J］.中国心理卫生杂志，23（9）：656-660.

李凌，2004.自我知觉积极偏向的理论解释和意义分析［J］.心理科学，

27（4）：1013-1015.

李强，邓建伟，晓筝，1999.社会变迁与个人发展：生命历程研究的范式与方法［J］.社会学研究，14（6）：1-17.

李琴，彭浩然，2015.谁更愿意延迟退休？：中国城镇中老年人延迟退休意愿的影响因素分析［J］.公共管理学报，12（2）：119-128，158.

李振刚，吕红平，2009.中国的尊老敬老文化与养老［J］.人口学刊，31（5）：27-31.

李宗派，2007.老化概念（I）：生物科学之老化理论［J］.台湾老人保健学刊，3（2）：25-61.

李祚山，尹华站，2004.时间心理学的研究进展综述［J］.重庆师范大学学报（自然科学版），21（2）：82-85.

梁工，2009.《庄子》与《传道书》的人生哲学比较［J］.郑州大学学报（哲学社会科学版），42（4）：111-114.

梁海乾，潘元青，杨树源，2008.神经科学研究的哲学观与发展趋势［J］.医学与哲学（人文社会医学版），29（1）：32-33.

廖小平，2014.改革开放以来价值观演变轨迹探微［J］.伦理学研究（5）：9-15.

林崇德，2002.发展心理学［M］.杭州：浙江教育出版社.

刘保，肖峰，2011.社会建构主义：一种新的哲学范式［M］.北京：中国社会科学出版社.

刘晶波，唐玉洁，2018.家庭教育理论的反思与革新：后喻文化的视角［J］.江海学刊（4）：92-100.

刘靓，徐慧兰，宋爽，2009.老年人孤独感与亲子支持、孝顺期待的关系研究［J］.中国临床心理学杂志，17（5）：636-638.

刘世熠，邬勤娥，孙世路，等，1964.不同年龄被试思维活动（心算）对脑电图的影响［J］.心理学报（3）：281-289.

刘守华，2003. 走进"寄死窑"［J］. 民俗研究（2）：123-128.

刘甜芳，杨莉萍，2017. 老化的年龄标识：主观年龄对老年人主观老化体验的影响［J］. 心理学探新，37（4）：369-374.

刘甜芳，杨莉萍，2018. 年龄对老年人主观老化体验的影响［J］. 中国老年学杂志，38（19）：4833-4836.

刘玮，2021. 个体积极老龄化：积极老龄化的逻辑基础与政策取向［J］. 云南社会科学（3）：141-147，189.

刘文，郑大俊，2017. 价值多元化趋势与如何求同存异［J］. 青海社会科学（2）：94-99.

刘昕亭，2012. 新穷人·新工作·新政治［J］. 中国图书评论（4）：39-46.

刘洋，2008. 循环与继替：一个晋北村落的养老习俗研究［D］. 金华：浙江师范大学.

刘亦民，2008. 尊老价值观嬗变中的农村老人生活质量研究［D］. 长沙：湖南师范大学.

柳海涛，殷正坤，2006. 意识本质研究的历史审视与方法论转换［J］. 内蒙古社会科学（汉文版），27（4）：70-72.

路俊卫，2009. 媒介对符号的权力运作：对鲍德里亚媒介批判思想的审视［J］. 湖北大学学报（哲学社会科学版），36（4）：105-108.

罗国刚，韩建峰，屈秋民，等，2002. 从 55 岁以上城乡居民 MMSE 得分特征上探讨其适用范围［J］. 中国临床心理学杂志，10（1）：10-13.

罗韦利，卡洛，2017. 现实不似你所见：量子引力之旅［M］. 杨光，译. 长沙：湖南科学技术出版社.

罗韦利，卡洛，2019. 时间的秩序［M］. 杨光，译. 长沙：湖南科学技术出版社.

马尔柯娃，1990.年龄教育学的心理学基础：年龄发展的规律［J］.陈帼眉，苏心，译.外国教育动态（3）：25-30.

马勒茨克，2002.跨文化交流：不同文化的人与人的交流［M］.潘亚玲，译.北京：北京大学出版社.

马一波，钟华，2006.叙事心理学［M］.上海：上海教育出版社.

马长寿，2003.中国古代花甲生藏之起源与再现［M］.北京：人民出版社.

麦金，吴杨义，2014.我们能够解决心身问题吗？［J］.世界哲学（4）：74-85.

麦克卢汉，2000.理解媒介：论人的延伸［M］.何道宽，译.北京：商务印书馆.

梅剑华，2021.论有我的非还原物理主义［J］.中国社会科学（3）：161-179，207-208.

MERRIAM S B，2011.质性研究：设计与施作指南［M］.颜宁，译.台北：五南图书出版股份有限公司.

莫斯科维奇，2011.社会表征［M］.管健，高文珺，俞容龄，译.北京：中国人民大学出版社.

穆光宗，1999.我国农村家庭养老问题的理论分析［J］.社会科学（12）：50-54.

穆光宗，2010.孝文化的起源与弃老习俗的关系［J］.社会科学论坛（12）：155-158.

潘淑满，2005.质性研究：理论与应用［M］.台北：心理出版社股份有限公司.

彭华茂，王大华，2012.基本心理能力老化的认知机制［J］.心理科学进展，20（8）：1251-1258.

秦志希，曹茸，2004.电视历史剧：对集体记忆的建构与消解［J］.现代传播，26（1）：42-44.

任鹏，张竞文，2020.中华人民共和国成立以来青年价值观变迁的轨迹、规律及其现实启示［J］.思想教育研究（2）：147-151.

桑标，1997.描述心理发展的三种途径［J］.华东师范大学学报（教育科学版），15（1）：48-53.

桑塔格，2003.疾病的隐喻［M］.程巍，译.上海：上海译文出版社.

沈铭贤，2013.科学共同体及其规范［J］.科学，65（2）：29-32，4.

沈奕斐，2009."后父权制时代"的中国：城市家庭内部权力关系变迁与社会［J］.广西民族大学学报（哲学社会科学版），31（6）：43-50.

束锡红，2000.养老文化的弱化与养老制度的完善［J］.宁夏社会科学（2）：47-49.

宋雷鸣，2010.社会歧视的社会学分析［J］.理论界（7）：193-194.

索科洛夫斯基，2009.步入盛年的老龄化人类学研究［J］.杨春宇，译.云南民族大学学报（哲学社会科学版），26（1）：41-46.

唐仲勋，叶南客，1988.国外老年社会学的七种理论模式［J］.国外社会科学（11）：66-70.

陶琳，2010.时间意识的突破与提升：简论海德格尔时间观兼与马克思主义时间观初步比较［J］.北方论丛（6）：125-128.

TIMIRAS P S，1984.从生物学观点看衰老［J］.李德明，译.心理学动态（2）：49-55.

田平，2003.物理主义框架中的心和"心的理论"：当代心灵哲学本体和理论层次研究述评[J].厦门大学学报（哲学社会科学版），53（6）：22-29，36.

涂尔干，莫斯，2000.原始分类［M］.汲喆，译.上海：上海人民出版社.

汪天文，2003.时间概念的哲学透视［J］.江西社会科学，23（6）：21-24.

汪天文，2004. 三大宗教时间观念之比较 [J]. 社会科学（9）：122-128.

汪天文，2004. 时间理解的三个向度 [J]. 深圳大学学报（人文社会科学版），21（2）：21-24.

汪天文，2007. 时间问题：自然科学的困惑与出路 [J]. 北京大学学报（哲学社会科学版），44（4）：52-58.

王传松，1992. 从"存在形式说"到"内部时间观"：对现代时间观的若干思考 [J]. 南京师大学报（社会科学版）（4）：21-26.

王世达，2002. 时间的历史样态与文化烙印 [J]. 成都大学学报（社会科学版）（3）：1-7.

王彦章，2006. 清代尊老优老礼制述论 [J]. 历史档案（4）：38-48.

维之，2007. 心 - 身问题的出路何在？[J]. 科学技术与辩证法，24（5）：22-25，100，111.

温忠麟，侯杰泰，马什赫伯特，2004. 结构方程模型检验：拟合指数与卡方准则 [J]. 心理学报，36（2）：186-194.

邬沧萍，1987. 老年人对社会的贡献 [J]. 群言（1）：19-22.

吴国璋，1996. 西方社会学对社会时间的研究 [J]. 学术界（2）：56-57，55.

吴捷，2010. 城市低龄老年人的需要、社会支持和心理健康关系的研究 [D]. 天津：南开大学.

吴涯，2005. 中国老年伦理问题研究 [D]. 重庆：重庆师范大学.

伍麟，邢小莉，2009. 注意与记忆中的"积极效应"："老化悖论"与社会情绪选择理论的视角 [J]. 心理科学进展，17（2）：362-269.

西塞罗，1998. 论老年 论友谊 论责任 [M]. 徐奕春，译. 北京：商务印书馆.

夏翠翠，李建新，2018. 健康老龄化还是病痛老龄化：健康中国战略视角下老年人口的慢性病问题［J］.探索与争鸣（10）：115-121，144.

肖凤良，陈晓平，2021.评金在权的自然主义和物理主义［J］.自然辩证法研究，37（6）：14-19.

谢荣征，2008.壮族"弃老型故事"独特的文化价值［J］.柳州职业技术学院学报，8（2）：124-127.

薛秀娟，2013-10-03.马克思早期对资本主义的道德批判［M］.光明日报.

闫勇，王桂芳，2005.湖北的"寄死窑"与胶东半岛的"模子坟"［J］.民俗研究（1）：235-237.

杨晋涛，2003.西方人类学关于衰老和老年问题研究述评［J］.厦门大学学报（哲学社会科学版），53（5）：70-77.

杨莉萍，2003."眼见为实"与自恋者文化的终结［J］.社会学家茶座，4（3）：76-81.

杨莉萍，2004.后现代社会建构论对主客思维的超越［J］.自然辩证法研究，20（1）：27-30，45.

杨莉萍，2006.论当代心理学的方法论变革：背景、动因与走向［J］.教育研究与实验（6）：55-59.

杨莉萍，2006.社会建构论心理学［M］.上海：上海教育出版社.

杨宜音，2008.关系化还是类别化：中国人"我们"概念形成的社会心理机制探讨［J］.中国社会科学（4）：148-159.

姚建军，赵宁宁，2013.价值观念多元背景下的社会整合探析［J］.科学社会主义（6）：107-110.

遥远，范西莹，2009.从尊老养老文化内涵的变化看我国调整制定老龄政策基本原则的必要性［J］.人口与发展，15（2）：81-86.

叶浩生，2011.社会建构论与质化研究［J］.自然辩证法研究，27（7）：75-79.

殷文，2008.广告与老年群体的话语"增权"：以广告中的老年形象为例

［J］.兰州学刊（10）：102-105.

殷筱，江雨，2011.一元论与二元论的"联姻"：蒯因关于心身问题的"新思维"［J］.江海学刊（5）：61-66.

殷筱，2012.二元化的唯物主义是否可能：阿尔莫格化解唯物主义难题的尝试［J］.哲学动态（1）：65-69.

尤西林，2003.现代性与时间［J］.学术月刊（8）：20-33.

于学军，1999.中国老年人口健康研究［J］.中国人口科学（4）：1-11.

曾建国，1992.上海城市老年人生死观的调查研究［J］.心理科学，15（5）：53-55.

曾宪新，2010.我国老年人口健康状况的综合分析［J］.人口与经济（5）：80-85.

曾毅，冯秋石，HESKETH T，等，2017.中国高龄老人健康状况和死亡率变动趋势［J］.人口研究，41（4）：22-32.

张承宗，2001.魏晋南北朝养老与敬老风俗［J］.史林（4）：42-48，62.

张鹏，2007.临终关怀的伦理困境及其重构［J］.求索（11）：147-149.

张士斌，2014.中国退休年龄政策研究前沿述评［J］.云南财经大学学报，30（1）：15-20.

张溪，苏会英，马云波，1998.老年人社会心理健康状况调查［J］.健康心理学杂志，6（3）：353-354.

张志雄，孙建娥，2015.老龄政策价值观的反思及其发展路径研究：基于养老文化的历史演变视角［J］.老龄科学研究，3（11）：73-80.

赵芳，2000.家庭中的亲子关系与养老方式的选择［J］.江海学刊（1）：48-52.

赵向阳，李海，孙川，2015.中国区域文化地图："大一统"抑或"多元化"？［J］.管理世界，31（2）：101-119，187-188.

赵晔琴，2007.农民工：日常生活中的身份建构与空间型构［J］.社会，27（6）：175-188，209.

正名，1986.社会性衰老初探［J］.上海大学学报（社会科学版），3（1）：72-77.

周晓亮，2005.自我意识、身心关系、人与机器：试论笛卡尔的心灵哲学思想［J］.自然辩证法通讯，27（4）：46-52，111.

朱红林，2006.汉代"七十赐杖"制度及相关问题考辨：张家山汉简《傅律》初探［J］.东南文化（4）：61-65.

朱志明，庄永发，周祖华，2004.人体老化度测定指标的商榷［J］.老年医学与保健，10（2）：120-122.

图书在版编目（ＣＩＰ）数据

老年心理的社会建构 / 刘甜芳著 . –– 重庆：重庆
大学出版社 , 2025. 1. ––（鹿鸣心理·心理咨询师系列
）. –– ISBN 978-7-5689-5146-3

Ⅰ . B844.4

中国国家版本馆 CIP 数据核字第 2025HG1093 号

老年心理的社会建构

刘甜芳　著

鹿鸣心理策划人：王　斌

责任编辑：夏　宇　　版式设计：王　斌

责任校对：王　倩　　责任印制：赵　晟

＊

重庆大学出版社出版发行

出版人：陈晓阳

社址：重庆市沙坪坝区大学城西路 21 号

邮编：401331

电话：（023）88617190　88617185（中小学）

传真：（023）88617186　88617166

网址：http://www.cqup.com.cn

邮箱：fxk@cqup.com.cn（营销中心）

全国新华书店经销

重庆市正前方彩色印刷有限公司印刷

＊

开本：720mm×1020mm　1/16　印张：14.25　字数：199 千

2025 年 1 月第 1 版　　2025 年 1 月第 1 次印刷

ISBN 978-7-5689-5146-3　　定价：56.00 元